U0928201

HIGHWAY LANDSCAPING PLANTS

高速公路景观植物

刘东明 李作恒 王丙兴 赵文忠 等 编著

人民交通出版社股份有限公司
China Communications Press Co.,Ltd.

内 容 提 要

本书选编了200多种可供高速公路景观绿化使用的常见植物，含乔本、灌木、草本、藤本植物种类，每种植物均配有彩色照片。书中主要介绍了植物的形态特征、分布、习性、栽培技术、应用等内容。

本书可供从事高速公路景观绿化相关工作的工程技术人员参考使用。

图书在版编目（CIP）数据

高速公路景观植物 / 刘东明等编著. -- 北京 : 人民交通出版社股份有限公司, 2016.9

ISBN 978-7-114-12983-4

Ⅰ. ①高… Ⅱ. ①刘… Ⅲ. ①高速公路－公路景观－园林植物 Ⅳ. ①S731.8

中国版本图书馆CIP数据核字(2016)第089004号

书　　名：高速公路景观植物
著 作 者：刘东明　李作恒　王丙兴　赵文忠　等
责任编辑：杜　琛
出版发行：人民交通出版社股份有限公司
地　　址：(100011)北京市朝阳区安定门外外馆斜街3号
网　　址：http://www.ccpress.com.cn
销售电话：(010)59757973
总 经 销：人民交通出版社股份有限公司发行部
经　　销：各地新华书店
印　　刷：北京盛通印刷股份有限公司
开　　本：720×960　1/16
印　　张：15.25
字　　数：157千
版　　次：2016年9月　第1版
印　　次：2016年9月　第1次印刷
书　　号：ISBN 978-7-114-12983-4
定　　价：58.00元

编委会

前言

随着我国高速公路的快速发展，边坡生态恢复已经成为高速公路建设的重要组成部分，尤其是在山区修建高速公路，深挖高填路基较多，造成大量裸露边坡，为了减轻由于建设对环境产生的负面影响，需要恢复或重建边坡植被，并对路域内的互通立交区、中央分隔带、服务区，甚至碎落台、路肩、取弃土场等区域进行绿化种植，恢复或新建高速公路路域景观。高速公路边坡及其他区域是属于特殊生境，且高速公路所处区域存在地域差异，区域内植物资源存在不同，而适宜高速公路边坡及其区域范围内栽培的植物种类是有限的，其栽培技术也特殊，因而需要选用耐瘠薄、抗旱、抗寒、抗风、耐热等抗性强的地带性植物种类。选择的植物种类是否适宜，是能否成功恢复或重建边坡植被，营造良好高速公路景观的关键因素之一。

20世纪90年代前后，人们普遍认为坡面树林化更有利于边坡的稳定。日本学者前堀幸彦（1984）认为，边坡绿化是首先移植“先驱植物”，使这些“先驱植物”迅速覆盖坡面，防止水土流失。但是“先驱植物”会逐渐被周边的乡土植物所取代。山村和也（1994）指出，应使边坡坡面与周边的自然环境协调，使其与自然融为一体，有益于防灾的绿化应是帮助自然把具有的再生力（复原力、恢复力、治愈力）最大限度地发挥出来，是尽可能地用接近自然的方法营造生物群落。坡面植被的恢复应以播种工程为基本，以栽植工程为辅助。山寺喜成（1999）认为，21世纪的绿化技术应是“通过播种工程形成早期树林化的绿化技术”。

边坡植被的恢复，除了选用适当的施工工艺外，还涉及如何选择适宜的植物种类的问题。

我国地域辽阔，植物种类丰富，是世界上植物物种最丰富的国家之一，目前已知拥有高等植物30000余种，居世界第三位，仅次于巴西和印度尼西亚。在自然界中，不论高山或平原、陆地或水域，沙漠及岩石上，甚至南极、北极都生长着各种各样的植物。尤其是种子植物，它们征服自然界的能力更强，适应性更广，是植物界中最强盛的一群，但它们之间存在着差异。不同环境生长着相应的物种，或耐寒、或耐热、或耐旱、或耐盐碱、或耐瘠薄。

山区高速公路边坡环境特殊，立地条件差，只有选择适宜的植物种类才能保证边坡植被恢复既早期见效快、效果好，后期又能与周边自然环境最大限度地融为一体，使其可持续发展，最终达到整体生态恢复。

植被恢复的主要种类（如骨干种、关键种、建群种），也就是植被恢复的工具种的选择非常重要。适当的植物工具种，都会适应当地环境，更易存活及生长（任海，2010）。本书的出版旨在为高速公路边坡生态恢复和重建路域景观的植物选择提供工具种参考。本书收集了200余种（含品种）乔、灌、草、藤种类，每种植物均配有彩色照片。书中主要介绍了上述种类的形态特征、分布、习性、栽培技术、应用等内容。这些种类的共同特征是适应性强，生长速度较快，多数种类已在高速公路边坡植被恢复实践中得到验证，也丰富了部分具有潜在利用价值的种类。

本书由河北省交通运输厅科技计划项目“山区高速公路边坡安全与生态恢复技术研究”（Y-2012133）、广东云梧高速公路有限公司和广佛肇高速公路有限公司科技项目（Y09999C001）等课题资助出版。

本书所选的照片在鉴定过程中得到中国科学院华南植物园邢福武研究员、北京师范大学刘全儒教授、中国科学院北京植物研究所刘冰博士的帮助，特此致谢！

由于水平有限，书中错误和疏漏之处难免，期望读者批评指正！

刘东明

2016年3月

目录

蕨类植物

裸子植物

被子植物

蕨类
植物

芒萁

Dicranopteris pedata (Houtt.) Nakaike
[*Dicranopteris dichotoma* (Thunb.) Berhn]

里白科 Gleicheniaceae，芒萁属 *Dicranopteris*

形态特征　高 45~120cm。根状茎横走，密被锈色长毛。叶柄棕色，光滑；叶轴一至二回二叉分枝，一回羽轴长约 9cm，分叉的腋间有 1 个休眠芽，密被绒毛，并有一对叶状苞片。末回羽片披针形，篦齿状羽裂几乎达羽轴；裂片平展，35~50 对，线状披针形，长 1.5~2.9cm，全缘。孢子囊群着生于每组侧脉的上脉的中部，在主脉两侧各排一行。

分布　产广东、香港、广西、江西、安徽、浙江、江苏、福建、台湾、湖南、湖北、贵州、四川、云南等地。生酸性土的荒坡或林缘，在森林砍伐后或放荒后的坡地上常成优势群落。日本、印度、越南也有分布。

习性　喜光，耐旱，耐贫瘠。能自成群落，是贫瘠土壤疏林下良好的地被植物，具一定的水土保持作用。

栽培　孢子或分株繁殖。孢子撒播后，保持湿润。分株繁殖在春季进行，切取根状茎，每段带 3~4 片叶，带土种植于土壤中，保持湿润，容易成活。

应用　芒萁根系发达，覆盖效果好，是固土护坡的优良草本，适合高速公路两侧边坡绿化。

乌毛蕨

Blechnum orientale L.

乌毛蕨科 Blechnaceae，乌毛蕨属 *Blechnum*

形态特征 植株高 0.5~2m。叶簇生，叶柄棕褐色，坚硬，长 3~80cm；叶片长阔披针形，长可达 1m，宽 20~60cm，1 回羽状。羽片多数，互生，无柄，下部羽片不育，缩小为圆耳形，中上部羽片线形或线状披针形，全缘或呈微波状；叶脉上面明显，小脉分离，单一或二叉，平行，密接。孢子囊群线形，紧靠主脉两侧。

分布 产广东、广西、江西、福建、台湾、贵州、浙江、四川、云南等地。亚洲热带地区、澳大利亚、日本也有分布。

习性 喜光，耐半阴，耐旱，耐瘠薄土壤。喜温暖、湿润环境。

栽培 孢子播种或分株繁殖。孢子繁殖，将孢子囊群成熟的叶片采集放入纸袋内，待孢子从囊群中脱落后，取出叶片，即得孢子，备用。春、夏、秋季均可播种，播后需保持土壤湿润。如用于高速公路边坡植被恢复，可在生长有乌毛蕨的地方取土，作为客土，喷播在边坡上，容易出效果。分株繁殖，将植株从母株上用利刀分出，保持足够的根状茎。

应用 乌毛蕨繁殖能力强，易成片生长；叶色翠绿，易营造原生态景观。可用于庭园、荒坡、公路边坡的绿化。

肾蕨

Nephrolepis cordifolia (L.) C. Presl
[*Nephrolepis auriculata* (L.) Trimen]

肾蕨科 Nephrolepidaceae，肾蕨属 *Nephrolepis*

形态特征 叶簇生，柄长 6~11cm，粗 2~3mm，暗褐色，密被淡棕色线形鳞片；叶片线状披针形或狭披针形，长 30~70cm，宽 3~5cm，先端短尖，叶轴两侧被纤维状鳞片，一回羽状多数，45~120 对，互生，常密集而呈覆瓦状排列，披针形，中部的一般长约 2cm，宽 6~7mm，先端钝圆或有时为急尖头，基部心脏形，不对称，下侧为圆楔形或圆形，上侧为三角状耳形，几乎无柄，以关节着生于叶轴，叶缘有疏浅的钝锯齿，向基部的羽片渐短，卵状三角形，长不及 1cm。叶脉明显，侧脉纤细。孢子囊群成 1 行，位于主脉两侧，肾形，生

于每组侧脉的上侧小脉顶端，位于从叶边至主脉的 1/3 处；囊群盖肾形，褐棕色。

分布 产广东、海南、广西、浙江、福建、台湾、湖南、贵州、云南和西藏等地。广布于全世界热带及亚热带地区。

习性 喜光，也耐阴，耐旱，耐瘠薄。自然萌发力强。

栽培 分株繁殖，或孢子、块茎、匍匐茎繁殖。

应用 本种为世界各地普遍栽培的观赏蕨类，也可用于边坡植被恢复。

裸子植物

银杏

Ginkgo biloba L.

银杏科 Ginkgoaceae，银杏属 *Ginkgo*

形态特征 乔木，高达40m；树皮灰褐色，深纵裂，粗糙。叶螺旋状互生，扇形，长枝上常2裂，基部宽楔形，萌生枝上的叶常较深裂，在短枝上3~8叶呈簇生状，叶柄长。秋季落叶前变为黄色。球花雌雄异株；雄球花柔荑花序状，下垂；雌球花具长梗，顶端常分两叉，顶生一盘状珠座，胚珠着生其上。种子具长梗，下垂，常为椭圆形、长倒卵形、卵圆形或近圆球形，熟时黄色或橙黄色，外被白粉；胚乳肉质。花期3—4月；种子成熟期9—10月。

分布 原产我国，全国各地有栽培。

习性 喜光，耐寒，耐干旱，适应性强，土壤以沙壤土或壤土为宜。

栽培 播种、分蘖、扦插繁殖。

应用 树形雄伟，叶形奇特，入秋，满树鲜黄颇为美观，宜作行道树、庭荫树及园景树。可用于互通立交区、服务区景观绿化。

白皮松

Pinus bungeana Zucc. ex Endl.

松科 Pinaceae，松属 *Pinus*

形态特征 常绿乔木，高达30m，幼树树皮光滑，灰绿色，大树皮灰白色，裂成不规则的鳞片状脱落，脱落后近光滑，露出粉白色的内皮。针叶3针一束，粗硬，长5~10cm。雄球花卵圆形或椭圆形，长约1cm，多数聚生于新枝基部成穗状，长5~10cm。球果卵圆形，长5~7cm，径4~6cm，种鳞螺旋状排列，鳞盾肥厚，鳞脐背生，具刺。种子灰褐色，倒卵形。花期4—5月；球果翌年10—11月成熟。

分布 山西、河南、陕西、甘肃、四川、湖北等地。

习性 喜光树种，耐瘠薄土壤及较干冷的气候，在气候温凉、土层深厚、肥润的钙质土和黄土上生长良好。

栽培 播种繁殖。早春解冻后即可播种，采用苗床播种，播前将土壤淋湿，罩上塑料薄膜保温、保湿，可提高发芽率。

应用 树姿优美，树皮奇特，供观赏，可丛植成林或作行道树。适宜碎落台、互通立交区、服务区等景观绿化。

雪松

Cedrus deodara (Roxb.) G. Don

松科 Pinaceae，雪松属 *Cedrus*

形态特征 树干挺直，大枝平展，小枝稍下垂，树冠塔形。针叶在长枝上螺旋状散生，在短枝上簇生，斜展，针形，质地坚硬，色深绿。雌雄同株，雌雄球花单生于不同长枝上的短枝两端。球果第二年成熟，直立，球果成熟前淡绿色，微有白粉，熟时红褐色，卵圆形或宽椭圆形，长 7~12cm，径 5~9cm，顶端圆钝，有短梗；种子上部具宽大膜质的种翅。花期 10 月至翌年 1 月；球果翌年秋季成熟。

分布 原产西藏，全国各地广泛栽培作庭园树。阿富汗、印度也有分布。

习性 喜光，稍耐阴，抗寒性较强，适栽于土层深厚、肥沃、疏松、排水良好的微酸性土壤。北京以南地区广泛栽培。

栽培 播种繁殖。于 10—11 月成熟后采种，采后干藏至翌年 3—4 月进行播种，播前可用冷水浸种 2~3 天，点播后 2~3 周即可出苗。

应用 树冠宽广，树姿挺拔，为世界著名的园林观赏树种，适合作行道树、广场绿化树或园林风景树。可用于互通立交区、服务区等地景观绿化。

马尾松

Pinus massoniana Lamb.

松科 Pinaceae，松属 *Pinus*

形态特征 常绿乔木；树皮红褐色，裂成不规则的鳞状块片；枝条每年生长一轮。针叶每束 2 针，稀 3 针。雄球花淡红褐色，圆柱形，弯垂，聚生于新枝下部成穗状，长 6~15 cm；雌球花单生或 2~4 个聚生于新枝近顶端，淡紫红色。球果卵圆形，长 4~7cm；鳞盾菱形，无刺；种子长卵圆形，子叶 5~8 枚。花期 3—4 月；果期在次年的 10—12 月。

分布 产河南、陕西及长江流域以南各省区。

习性 喜光，耐寒，耐旱，耐瘠薄，根系发达，生性强健。在瘠薄的土壤环境下常生长成灌木状。

栽培 播种繁殖。11 月下旬采收成熟种子，阴干，含水量 10% 的种子在 15℃下可以储藏 1 年。春、夏季均可播种，出芽快，发芽率高。

应用 常绿树种，是荒山造林先锋树种，常应用于公路边坡植被恢复。

油松

Pinus tabuliformis Carr.

松科 Pinaceae，松属 *Pinus*

形态特征 乔木，高达25m；树皮灰褐色，鳞片状剥落；枝平展或向下斜展，老树树冠平顶。针叶2针1束，深绿色，粗硬。雄球花圆柱形，长1.2~1.8cm，在新枝下部聚生成穗状。球果卵形或卵圆形，种鳞肥厚，鳞盾隆起，鳞脐有刺；种子卵圆形或长卵圆形。花期4—5月；球果翌年10月成熟。

分布 产河南、山东、河北、山西、内蒙古、四川、陕西、甘肃、宁夏、青海、辽宁、吉林等地。

习性 喜光、深根性树种，喜干冷气候，在土层深厚、排水良好的酸性、中性或钙质土上均能生长良好。

栽培 播种繁殖。育苗地选土层肥沃深厚、质地疏松的壤土作苗圃。夏秋深翻整地，蓄水保墒，4月中下旬播种。播种前需作种子催芽处理，可采用温水浸种，待种子裂口即可播种。

应用 树干挺拔苍劲，四季常青，不畏严寒风雪，可孤植、列植。适合作行道树、广场绿化树或园林风景树。可用于互通立交区、服务区、碎落台的景观美化。

圆柏

Juniperus chinensis L.
[*Sabina chinensis*（L.）Ant]

柏科 Cupressaceae，刺柏属 *Juniperus*

形态特征 乔木，高达20m；树皮深灰色，纵裂，成条片开裂；幼树的枝条通常斜上伸展，形成尖塔形树冠，老树则下部大枝平展，形成广圆形的树冠。刺叶生于幼树之上，老龄树则全为鳞叶，壮龄树兼有刺叶与鳞叶。刺叶三叶交互轮生，斜展，疏松，披针形，先端渐尖，长6~12mm。雌雄异株，雄球花黄色，椭圆形，雄蕊5~7对。球果近圆球形，两年成熟，熟时暗褐色，被白粉；有种子1~4颗，种子卵圆形。

分布 产广东、广西、江西、浙江、福建、安徽、江苏、湖南、湖北、山东、河南、河北、山西、内蒙古、陕西、甘肃、贵州、四川、云南、西藏等地。各地多有栽培。朝鲜、日本也有分布。

习性 喜光，耐旱，耐寒，耐瘠薄，但喜生于干燥、肥沃、深厚的土壤，对土壤酸碱度适应性强，较耐盐碱。对二氧化硫和氯气抗性强。

栽培 嫁接和扦插繁殖。嫁接选用侧柏或圆柏作砧木，接穗选择生长健壮的母树侧枝顶梢。

应用 圆柏树形优美，枝叶青翠碧绿，常用于园林绿化，如街道绿化、小区绿化、公路绿化等。可应用于碎落台、中央分隔带、互通立交区、服务区景观绿化。

沙地柏(叉子圆柏)

Juniperus sabina L.
[*Sabina vulgaris* Ant.]

柏科 Cupressaceae，刺柏属 *Juniperus*

形态特征 常绿匍匐灌木，高可达 1m；枝密，斜上伸展，枝皮灰褐色，裂成薄片脱落。叶二型：刺叶三叶交叉轮生，排列较密，向上斜展，先端刺尖，上面凹，下面拱圆，中部有长椭圆形或条形腺体；鳞叶交互对生，排列紧密或稍疏，斜方形或菱状卵形，先端微钝或急尖，背面中部有明显的椭圆形或卵形腺体。雌雄异株，雄球花椭圆形或矩圆形；雌球花曲垂或初期直立而随后俯垂。球果倒卵圆形，熟时紫蓝黑色，有白粉，具 2~3 颗种子；种子卵圆形。

分布 产新疆、宁夏、内蒙古、青海、甘肃、陕西等地。生于石山坡、沙地、林下。欧洲南部至中亚也有分布。

习性 喜光，耐寒，耐旱性强。

栽培 扦插或播种繁殖。

应用 可作水土保持、护坡及固沙造林树种。可用于碎落台，上、下边坡，互通立交区，服务区景观绿化。

侧柏(扁柏)　*Platycladus orientalis* (L.) Franco

柏科 Cupressaceae，侧柏属 *Platycladus*

形态特征　常绿乔木，高达 20m；树皮浅灰褐色，纵裂成条片。叶鳞片状对生，先端钝，背面中部有条形腺槽。雌雄同株，雄球花有 6 对雄蕊，雌球花有 4 对珠鳞，仅中间两对珠鳞具 2 对胚珠。球果卵圆形，长 1.5~2cm。花期 2—3 月；果期 10 月。

分布　产我国大部分地区。朝鲜、韩国也有分布。

习性　喜光，耐干旱，耐瘠薄土壤和盐碱土。为喜钙树种，常生于石灰岩山地。对温度适用范围广，能适应于干冷气候，也能在温暖气候生长。耐修剪，寿命长，萌芽力强。

栽培　播种繁殖。播种前种子要进行催芽处理，其播种量约为 20~30g/m^2。

应用　枝干苍劲，幼树树冠尖塔形，成年树则呈椭圆形，树姿优美，为优良的园林景观树种，多栽植于公园和名胜古迹等地。可应用于碎落台、中夹分隔带、绿篱、边坡、互通立交区、服务区景观绿化。

被子植物

白兰

Michelia alba DC.

木兰科 Magnoliaceae，含笑属 *Michelia*

形态特征　常绿乔木，高达15m，枝广展，呈阔伞形树冠，树皮灰色，揉枝叶有芳香。嫩枝及芽密被淡黄白色微柔毛。叶薄革质，长椭圆形或披针状椭圆形，长10~27cm，宽4~9.5cm，先端长渐尖，基部楔形；叶柄长1.5~2cm；托叶痕几乎达叶柄中部。花白色，极香；花被片10片，披针形。聚合果；蓇葖熟时鲜红色。花期4—9月。

分布　产广东、广西、福建、湖南、云南等地有栽培。原产印度尼西亚爪哇，现广植于东南亚。

习性　喜光，喜温暖、湿润气候。

栽培　嫁接繁殖，也可用空中压条或靠接繁殖。嫁接，用黄兰、含笑、火力楠等为砧木。

应用　花洁白、清香，夏、秋间开放，花期长，叶色浓绿，为著名的庭园观赏树种，多栽为行道树。可用于互通立交区、服务区景观绿化。

玉兰（玉堂春）

Magnolia denudata Desr.

木兰科 Magnoliaceae，木兰属 *Magnolia*

形态特征　落叶乔木，高达 20m，树皮粗糙开裂，冬芽及花梗密被淡灰黄色长绢毛。叶纸质，倒卵形、宽倒卵形，长 10~15cm，宽 6~10cm，先端宽圆或平截或稍凹，基部楔形或近圆形；托叶痕为叶柄长的 1/4~1/3。花芳香，花先叶开放；花被片 9 片，白色，基部带粉红色或紫红色，长圆状倒卵形，长 6~8cm；雌蕊群淡绿色。聚合果圆柱形，长 12~15cm。花期 2—3 月；果期 8—9 月。

分布　产江西、浙江、湖南、贵州等地。我国南、北方均有栽培。

习性　喜光，耐寒，忌水涝，较耐干旱。喜肥沃、疏松和排水良好的壤土。

栽培　播种或嫁接繁殖。种子宜即采即播，嫁接在早春进行。玉兰是肉质根，怕积水，种植地地势要稍高，在低洼处种植容易烂根而导致死亡；玉兰栽种地的土壤通透性也要好，在黏土中种植则生长不良，在沙壤土和黄沙土中生长较好。大树移植宜在展叶前进行，并在 3 个月前作断根处理。

应用　早春花朵满树，花大而洁白、艳丽、芳香，为著名的庭园观赏木本花卉。可应用于互通立交区、服务区等区域的绿化。

紫玉兰（辛夷，木笔） *Magnolia liliflora* Desr.

木兰科 Magnoliaceae，木兰属 *Magnolia*

形态特征　落叶灌木或乔。叶椭圆状倒卵形或倒卵形，长 8~18cm，宽 3~10cm，先端急尖或渐尖；叶柄长 8~20mm，托叶痕约为叶柄长之半。花蕾卵圆形，被淡黄色绢毛；花叶同时开放，瓶形；花被片 9~12，外轮 3 片，萼片状，紫绿色，披针形长 2~3.5cm，常早落，内两轮肉质，外面紫色或紫红色，内面带白色，花瓣状，椭圆状倒卵形，长 8~10cm，宽 3~4.5cm；雄蕊紫红色，长 8~10mm；雌蕊群长约 1.5cm，淡紫色。聚合果深紫褐色，圆

柱形，长 7~10cm；成熟蓇葖近圆球形，顶端具短喙。花期 3—4 月；果期 8—9 月。

分布 产福建、湖北、四川、云南等地。

习性 喜光，较耐寒，喜生于肥沃、深厚、湿润、排水良好的土壤。

栽培 播种、嫁接或分株繁殖。花后将植株倒出，用利剪或刀将根部萌蘖的子株带根切下，另栽即可。播种，9 月采种，冬季沙藏，翌年春播，播后 20~30 天发芽。移植宜在秋季或早春开花前进行，大苗必须带土球。

应用 本种与玉兰同为我国两千多年的传统花卉，我国各大城市都有栽培，花色艳丽，享誉中外。可用于分离式中央分隔带、服务区景观绿化。

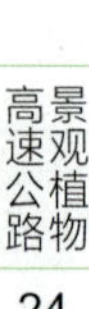

二乔木兰

Magnolia soulangeana Soul.~Bod.

木兰科 Magnoliaceae，木兰属 *Magnolia*

为玉兰与紫玉兰的杂交种。落叶小乔木，高可达 15m。叶倒卵形或宽倒卵形，先端宽圆，下面具柔毛。花先叶开放，钟状，外面淡紫色，内面白色；萼片 3 枚，似花瓣状，长度为花瓣之半或近等长，有时绿色。花期 2—3 月；果期 9—10 月。

分布　全国各地多有栽培。

习性　喜光，较耐寒，能在 -21℃条件下安全越冬。喜生于肥沃、深厚、湿润、排水良好的土壤。

栽培　嫁接繁殖。通常以紫玉兰或玉兰、黄兰、白兰等为砧木，可采用劈接、芽接、切接、腹接等方式，但劈接、芽接的成活率较高。

应用　花色艳丽，庭园观赏树种。可用于碎落台、分离式中央分隔带、互通立交区、服务区等区域的绿化。

樟树（香樟）

Cinnamomum camphora (L.) Presl

樟科 Lauraceae，樟属 *Cinnamomum*

形态特征 常绿大乔木，高达30m，树冠宽广，枝、叶具樟脑香气，小枝无毛。叶薄革质，互生，卵状椭圆形，长6~12cm，宽2.5~6.5cm，先端急尖，基部宽楔形至近圆形，边缘稍波状；离基三出脉；叶柄长2~3cm。聚伞花序；花黄白色或黄绿色，长约2mm。果卵球形，直径6~8mm，熟时紫黑色。花期4—5月；果期8—11月。

分布 产我国华南、华东及西南等地。越南、朝鲜和日本也有分布。

习性 喜光，喜温暖、湿润气候，不耐旱和瘠薄，忌积水。抗风和抗大气污染，并有吸收灰尘和噪声的功能。

栽培 播种繁殖。宜即采即播，12月采集果实，清洗干净后湿沙储藏，储藏期3~6个月。大树移植宜在初春展叶前进行，并在3个月前作断根处理。

应用 树冠宽阔，树姿雄伟，叶全年茂密而翠绿，绿荫效果好，极具亚热带风光，为优良的庭园风景树、行道树和绿荫树。可应用于护坡道、互通立交区、服务区绿化。

红小檗（日本小檗）

Berberis thunbergii DC.

小檗科 Berberidaceae，小檗属 *Berberis*

形态特征 落叶灌木，高 1~2m，多分枝。枝条开展，具细条棱，幼枝淡红带绿色，无毛，老枝暗红色；茎刺单一，偶 3 分叉；节间长 1~1.5cm。单叶簇生，倒卵形、匙形或菱状卵形，先端骤尖或钝圆，基部楔形，全缘。花单生或 2~5 朵近簇生；花小，黄色。浆果椭圆形，熟时红色；种子 1~2 颗，棕褐色。花期 4—6 月；果期 7—10 月。

分布 原产日本，是小檗属中栽培最广泛的种之一，我国大部分地区均有栽培。

习性 喜光，稍耐阴，耐寒，在排水良好的沙壤土生长良好，萌芽力强，耐修剪。

栽培 播种或扦插繁殖。扦插，于每年的 7 月至翌年 3 月进行，选取 1~2 年生的粗壮枝作为插条，扦插前使用生根液处理，以提高扦插成活率；播种繁殖，播种量为 10~15g/m^2。

应用 常栽培于庭园中或路旁作绿化或绿篱用。可用于碎落台、互通立交区、服务区绿化。

紫薇

Lagerstroemia indica L.

千屈菜科 Lythraceae，紫薇属 *Lagerstroemia*

形态特征　落叶灌木或小乔木，高可达7m；树皮波片状剥落后光滑。枝干多扭曲，小枝纤细，具4棱，略成翅状。单叶对生或上部叶互生，纸质，椭圆形、阔矩圆形或倒卵形，长2.5~7cm，宽1.5~4cm，顶端短尖或钝形，基部阔楔形或近圆形。顶生圆锥花序，萼6裂；花瓣6枚，花粉红色或紫色、白色，三角形；雄蕊多数。蒴果近球形。花期6—9月；果期9—12月。

分布　产广东、广西、湖南、江西、福建、浙江、江苏、湖北、河南、河北、山东、安徽、陕西、四川、云南、贵州及吉林等地。

习性　喜光而稍耐阴，耐旱，耐寒。喜生于肥沃、湿润的土壤上，具较强的抗污染能力。

栽培　播种、扦插和分株繁殖。常见的园艺栽培品种还有白花紫薇（*Lagerstroemia indica* L. '*Alba*'），花为白色。

应用　树形优美，花色艳丽，花朵繁密，花期长，具极高的观赏价值。适于庭院、门前、窗外配植或道路和公园栽植，在园林中孤植或丛植于草坪、林缘。可栽植于中央分隔带、互通立交区、服务区美化，也可使用种子喷播进行边坡绿化。

大叶紫薇

Lagerstroemia speciosa (L.) Pers.

千屈菜科 Lythraceae，紫薇属 *Lagerstroemia*

形态特征 大乔木，高可达25m，树皮灰色，平滑。叶革质，矩圆状椭圆形或卵状椭圆形，稀披针形，很大，长10~25cm，宽6~12cm，顶端钝形或短尖，基部阔楔形至圆形。花淡红色或紫色，直径5cm，顶生圆锥花序长15~25cm；花瓣6，近圆形至矩圆状倒卵形，长2.5~3.5cm。蒴果球形至倒卵状矩圆形。花期5—7月；果期10—11月。

分布 产广东、广西及福建等地。分布于斯里兰卡、印度、马来西亚、越南及菲律宾。

习性 喜光，喜温暖湿润、土质疏松的土壤环境。

栽培 播种繁殖。秋末采集当年成熟的种子，干藏。翌年2—3月播种，易发芽，出苗率高。

应用 夏季开花，为华南地区夏季常见木本花卉。花朵满布枝头，非常醒目，让人惊艳不已。常栽培庭园供观赏，单植、列植、群植均可。可用于分离式中央分隔带、互通立交区、服务区绿化。

千屈菜（水枝锦、水柳） *Lythrum salicaria* L.

千屈菜科 Lythraceae，千屈菜属 *Lythrum*

形态特征 多年生草本，茎直立，多分枝，枝通常具 4 棱，高 30~100cm。叶对生或三叶轮生，披针形或阔披针形，长 4~6cm，宽 8~15mm，顶端钝形或短尖，基部圆形或心形。花组成小聚伞花序，簇生，花枝组成穗状花序；花瓣 6 枚，红紫色或淡紫色，倒披针状长椭圆形，基部楔形。蒴果扁圆形。花期 6—7 月；果期 8—9 月。

分布 产全国各地，多有栽培；生于河岸、湖畔、溪沟边和潮湿草地。亚洲、欧洲、非洲的阿尔及利亚、北美和澳大利亚东南部也有分布。

习性 喜光而稍耐阴，耐寒，喜水湿。对土壤要求不严，在深厚、富含腐殖质的土壤上生长更好。

栽培 分株繁殖为主，也可播种和扦插繁殖。扦插，于 6—7 月进行，将新枝剪下，插入湿地中，约 30 天可生根；分株繁殖，春季将老株挖出，切开分为多份，分别栽植即可。

应用 株丛整齐而清秀，花朵繁茂，花序长，花期长，是水景中优良的竖线条材料。宜在浅水岸边丛植或池中栽植，也可作花境材料和切花。可用于互通立交区、服务区湿地景观绿化。

石榴（安石榴）

Punica granatum L.

石榴科 Punicaceae，石榴属 *Punica*

形态特征 落叶灌木或乔木，枝顶常成尖锐长刺。叶对生，纸质，矩圆状披针形，长 2~9cm，顶端短尖、钝尖或微凹，基部短尖至稍钝形，上面光亮，侧脉细密；叶柄短。花大，1~5 朵生枝顶；花瓣红色、黄色或白色。浆果近球形，直径 5~12cm；种子多数，肉质的外种皮供食用。花期 5—7 月；果期 9—10 月。

分布 我国栽培历史悠久，除南、北极寒地区外，均有栽培。原产巴尔干半岛至伊朗及其邻近地区，全世界的温带和热带都有种植。

习性 喜温暖向阳的环境，耐旱，耐寒，也耐瘠薄。对土壤要求不严，但以排水良好的沙壤土栽培为宜。

栽培 压条、扦插、分株、播种繁殖。

应用 叶翠绿，花大而鲜艳，为园林绿化优良树种。为优良的观花、观果树种。可用于碎落台、服务区景观绿化。

簕杜鹃（三角梅、叶子花、宝巾） *Bougainvillea glabra* Choisy

紫茉莉科 Nyctaginaceae，叶子花属 *Bougainvillea*

形态特征　藤状灌木，枝、叶密生柔毛；刺腋生、下弯。叶片椭圆形或卵形，基部圆形，有柄。花顶生枝端的3个苞片内，苞片叶状，紫色或洋红色，长圆形或椭圆形，基部圆形至心形，纸质，长2.5~6.5cm，宽1.5~4cm；花被管狭筒形，长约2cm，绿色，顶端5~6裂，裂片开展，黄色。几乎全年开花。

分布　我国南方栽培供观赏。原产热带美洲，世界各地热带地区普遍栽培。

习性　喜光，喜温暖至高温、湿润气候，不耐寒，生性强健，喜欢强光和富含腐殖质的肥沃土壤。

栽培　扦插繁殖。5—6月，剪取成熟的木质化枝条，长约20cm，剪除大部分叶，用沙床或沙质壤土为苗床，保持苗床湿润，易成活，1个月左右可生根，培养2年可开花。常见栽培品种有：蓝紫簕杜鹃 *Bougainvillea glabra* ‘Formosa’；紫色簕杜鹃 *Bougainvillea glabra* ‘Paper flower’；玫瑰簕杜鹃 *Bougainvillea glabra* ‘Sanderiana’等。

应用　簕杜鹃的苞片叶状，色彩鲜艳如花，为主要观赏部分。花期持续时间长，宜庭园种植或盆栽，常作盆景、绿篱及修剪造型观赏用。在南方栽培作攀缘花卉，花满棚架，色泽鲜艳；北方作为盆花观赏。可应用于中央分隔带、碎落台、互通立交区、服务区景观绿化。

[蓝紫簕杜鹃]

[紫色簕杜鹃]

[樱桃簕杜鹃]

[玫瑰簕杜鹃]

海桐

Pittosporum tobira (Thunb.) W. T. Aiton

海桐花科 Pittosporaceae，海桐花属 *Pittosporum*

［花叶海桐］

形态特征　常绿灌木或小乔木，高 1~6m。叶革质，聚生于枝顶，倒卵形或倒卵状披针形，长 4~9cm，顶端圆，基部渐狭。伞形花序或伞房状伞形花序顶生或近顶生，花白色，有芳香，后变黄色。蒴果圆球形，有棱或呈三角形。花期 3—5 月；果期 9—10 月。

分布　产广东、湖南、福建、台湾、江苏、浙江等地。朝鲜半岛、日本有分布。世界亚热带地区多有栽培。

习性　喜光，喜温暖、湿润气候，稍耐阴，萌发力强，耐修剪，抗海风和二氧化碳等有毒气体。

栽培　播种繁殖。栽培品种有花叶海桐（斑叶海桐）（*Pittosporum tobia* ‘Variegatum’），叶片上面有不规则的乳黄色边缘或乳黄色斑。

应用　枝繁叶茂，四季常青，叶色浓绿光亮，树冠球形，夏季白花覆面，秋季红色种子点缀，富季相变化，是重要的绿化观叶树种，可孤植于草坪、花坛之中，或列植成绿篱。可用作中央分隔带防眩植物，多栽植于碎落台、互通立交区、服务区绿化环境。

柽柳

Tamarix chinensis Lour.

柽柳科 Tamaricaceae，柽柳属 *Tamarix*

形态特征　落叶乔木或灌木，高 2~8m；树皮红褐色，枝细长，下垂。单叶互生，叶片细小，鳞片状，叶鲜绿色。总状花序生于当年生枝上，组成顶生大圆锥花序；花小，花瓣 5，粉红色。花期 4—9 月；果期 6—10 月。

分布　产广东、安徽、江苏、山东、河南、河北、辽宁等地。

习性　喜光，耐旱，抗涝，耐盐碱，抗风沙；深根性，萌芽力强。

栽培　扦插或播种繁殖。扦插，选用 1 年生枝条作为插条，春季、秋季均可扦插。扦插前可用 ABT 生根粉 100mg/kg 浸泡 2h 左右。扦插后立即淋水，以后保持土壤湿润，成活率可达 90%。播种，种子细小，宜直播，播后 10~20 天出苗，播种量为 5g/m^2，当年生苗高 10~20cm，2 年生苗可出圃栽植。

应用　枝叶纤细、悬垂，花色淡红、清雅，为优良的庭园观花灌木。也是盐碱地绿化树种和防风固沙的造林树种。可用于边坡、碎落台、中央分隔带、互通立交区、服务区绿化。

岗松

Baeckea frutescens L.

桃金娘科 Myrtaceae，岗松属 *Baeckea*

形态特征　灌木或小乔木，多分枝。叶小，无柄，或有短柄，叶片狭线形或线形，长5~10mm，宽1mm，先端尖，上面有沟，下面突起，有透明油腺点，中脉1条，无侧脉。花小，白色，单生于叶腋内；花瓣圆形。蒴果小；种子扁平，有角。花期夏、秋。

分布　产广东、广西、福建及江西等地。分布于东南亚各地。

习性　喜光，喜温暖至高温湿润气候，适应性强，耐干旱和瘠薄，喜酸性土壤。

栽培　播种繁殖。宜即采即播。

应用　树形紧密，四季常青，花期长，花多而密，红花、白花相映成趣，为良好的园林野生花卉。可用于边坡、碎落台、中央分隔带、互通立交区、服务区绿化。

红千层（串钱柳） *Callistemon rigidus* R. Br.

桃金娘科 Myrtaceae，红千层属 *Callistemon*

形态特征 灌木或小乔木。叶片坚革质，线形，长 5~9cm，宽 3~6mm，先端尖锐，油腺点明显。穗状花序顶生；花瓣绿色，卵形，长 6mm，宽 4.5mm；雄蕊长 2.5cm，鲜红色；花柱比雄蕊稍长，先端绿色，其余红色。蒴果半球形；种子条状。花期 3—10 月。

分布 广东、海南、广西、福建、台湾等地有栽培。原产澳大利亚。

习性 喜光，耐旱，耐瘠薄土壤。喜温暖、湿润气候，能耐烈日酷暑。

栽培 扦插或播种繁殖。扦插繁殖，宜在 6—8 月进行，插穗采用 1 年生半成熟枝条，长约 8~10cm，扦插后遮阴，并保持土壤湿润；播种，因种子细小，播种后覆土要薄。

应用 树形优雅，花形秀丽，可孤植、片植观赏，为庭园、居住区、公共绿地绿化的优良树种。可用于边坡、碎落台、中央分隔带、互通立交区、服务区景观绿化。

黄金香柳(千层金)

Melaleuca bracteata F. Muell. 'Revolution Gold'

桃金娘科 Myrtaceae，白千层属 *Melaleuca*

形态特征　常绿灌木或小乔木，在原产地高可达 15m，冠幅 3~5m。主干直立，枝条密集，柔软细长；新枝层层向上扩展，侧枝横展至下垂；嫩枝红色，老枝变灰。叶对生，窄卵形至卵形，先端急尖，四季金黄。花白色，花序长 1.5~3.5cm。果近球形。花期春季至夏季。

分布　广东、海南、广西、福建、湖南、重庆等地有栽培。原产新西兰、荷兰等地。

习性　喜光。具有较强的抗逆性、耐涝性、耐剪性、抗风性、耐盐碱性以及较快的生长速度，适应的气候带范围广，能耐 -10℃的低温。

栽培　扦插繁殖。于 4—8 月，选取当年生发育充实的半成熟、生长健壮的枝条作插穗。为避免水分蒸发，宜在清晨采集插条。扦插介质可采用蛭石加泥炭土混合配制，或细沙加泥炭土，插后立即淋透清水 1 次，以后保持土壤湿润。

应用　枝叶四季金黄，是优良彩叶树种，适宜庭园、居住区、公共绿地绿化。由于其抗盐碱、耐强风的特性，黄金香柳适用于海滨及人工填海造地的绿化造景、防风固沙等。可用于碎落台、中央分隔带、互通立交区、服务区景观绿化。

桃金娘

Rhodomyrtus tomentosa (Ait.) Hassk.

桃金娘科 Myrtaceae，桃金娘属 *Rhodomyrtus*

形态特征 灌木，高1~2m。叶对生，革质，叶片椭圆形或倒卵形，长3~8cm，宽1~4cm，先端圆或钝，基部阔楔形，离基三出脉，直达先端且相结合，网脉明显。花单生，淡紫色或粉红色至白色，花期长，花多而密，中央衬以红色的雄蕊；花瓣5枚，倒卵形。浆果卵状壶形，长1.5~2cm，宽1~1.5cm，熟时紫黑色；种子每室2列。花期4—5月；果期9—10月。

分布 产广东、广西、江西、福建、台湾、云南、贵州及湖南等地。

习性 喜光，喜温暖至高温、湿润气候，适应性强，耐干旱和瘠薄。

栽培 播种繁殖。宜即采即播，9—10月果实转为紫色时即可采集。采收的果实洗净后即可播种，如要晾干储藏，需用湿润细沙与种子混合存放，播种前需作催芽处理。

应用 桃金娘花多而密，红花、白花相映成趣，是山坡复绿、水土保持的常绿灌木。可丛植、片植或孤植点缀绿地，为良好的园林野生花卉。可用于边坡植被恢复，碎落台、中央分隔带、互通立交区、服务区景观绿化。

钟花蒲桃

Syzygium campanulatum Korth.

桃金娘科 Myrtaceae，蒲桃属 *Syzygium*

形态特征 常绿灌木或小乔木，高可达 6m；枝条柔软下垂。叶对生，纸质，长圆状卵形；嫩叶亮红色或稍带橙黄色。聚伞花序具细长的总花梗；花冠白色，芳香。浆果球形，成熟后变为黑色。夏季至秋季边开花边结果。

分布 我国南方地区有栽培。原产东南亚各国。

习性 喜光，喜温暖湿润气候，耐半阴，不耐干旱和瘠薄。耐修剪，抗大气污染，对土质选择不严，但喜肥沃、湿润和排水好的土壤。

栽培 播种或扦插繁殖。于春秋两季进行，繁殖力很强，栽培管理简便。

应用 株型致密，枝叶茂盛，嫩叶亮红色，为良好的彩叶树种。可用于碎落台、互通立交区、服务区绿化。

香蒲桃

Syzygium odoratum DC.

桃金娘科 Myrtaceae，蒲桃属 *Syzygium*

形态特征 常绿灌木或小乔木，高可达 10m。嫩叶红色，叶片革质，卵状披针形或卵状长圆形，长 3~7cm，宽 1~2cm，先端尾状渐尖，基部钝或阔楔形。圆锥花序顶生或近顶生，长 2~4cm；花瓣分离或帽状。果实球形，略有白粉。花期 3—4 月；果期 8—12 月。

分布 产广东、广西等地。也分布于越南。

习性 喜光，耐旱，耐盐碱，耐水湿。

栽培 播种繁殖。种子宜即采即播，也可与河沙混合短时间储藏（不超过半年）。

应用 树冠丰满而浓郁，花、叶、果均可观赏，可作庭荫树和固堤、防风树用。嫩叶红色，为良好的彩叶树种。可用于碎落台、互通立交区、服务区绿化。

野牡丹

Melastoma malabathricum L.
[*M. candidum* D. Don; *M. affine* D. Don]

野牡丹科 Melastomataceae，野牡丹属 *Melastoma*

形态特征 灌木，高达 1.5m，分枝多。茎钝四棱形或近圆柱形，密被紧贴的鳞片状糙伏毛。叶片卵形或广卵形，顶端急尖，基部浅心形或近圆形，长 4~10cm，宽 2~6cm，全缘；基出脉 7，两面被糙伏毛及短柔毛。伞房花序生于分枝顶端，有花 3~5 朵；花瓣玫瑰红色或粉红色，倒卵形，长 3~4cm。蒴果坛状球形；种子镶于肉质胎座内。花期 5—7 月；果期 10—12 月。

分布 产广东、海南、湖南、江西、浙江、福建、台湾、广西、贵州、四川、云南、西藏等地。

习性 喜光，喜温暖、湿润的气候，耐旱和耐瘠薄。

栽培 播种或扦插繁殖。播种于春季 3 月下旬至 4 月上旬播种，将种子混草木灰或细土，均匀地撒播于苗床上，覆盖细土 1cm 厚，然后盖草、浇水，保持土壤湿润。气温在 25℃以上时，20 天左右出苗，出苗后揭去盖草。扦插，选择茎干充实健壮的枝条作插穗，长 10~18cm，然后插入土壤或其他基质内使之生根，保持土壤湿润。

应用 为优良的木本观花植物，可孤植或片植、或丛植布置园林。可用于边坡生态恢复、碎落台、互通立交区、服务区绿化。

毛稔

Melastoma sanguineum Sims

野牡丹科 Melastomataceae，野牡丹属 *Melastoma*

形态特征　灌木，高 1.5~3m。茎、小枝、叶柄、花梗及花萼均被平展的长粗毛，毛基部膨大。叶片坚纸质，卵状披针形至披针形，顶端渐尖，基部钝或圆形，长 8~22cm，宽 2.5~8cm，全缘，基出脉 5，两面被隐藏于表皮下的糙伏毛。伞房花序，顶生，有花 1~3 朵；花瓣粉红色或紫红色，5~7 枚，广倒卵形，长 3~5cm，宽 2~2.2cm。果杯状球形。花果期几乎全年，8—10 月为盛期。

分布　产广东、海南、广西等地。印度、马来西亚至印度尼西亚也有分布。

习性　喜光，耐旱，喜温暖湿润的气候，对土壤要求不严。

栽培　播种繁殖。果实成熟时采收，搓去果皮果肉，将种子稍晾干立即播种，覆细土 0.5~1cm 厚，并保持土壤湿润。

应用　花大而艳丽，可作为庭园观赏植物。可用于边坡、碎落台、中央分隔带、互通立交区、服务区绿化。

巴西野牡丹

Tibouchina semidecandra L.

野牡丹科 Melastomataceae，蒂牡花属 *Tibouchina*

形态特征　常绿灌木，株高 1.5mm。枝条红褐色；叶对生，椭圆形至披针形，两面具细茸毛。花顶生，大型、5 瓣，深紫蓝色，中心的雄蕊白色且上曲；萼片 5 枚，红色，披绒毛。蒴果杯状球形。花期几乎全年，每年 10 月至次年 2 月为盛花期。

分布　原产巴西低海拔山区及平地，我国广东、海南、广西、福建等地有引种栽培。

习性　喜光，稍耐寒，耐旱，耐瘠薄。

栽培　扦插繁殖。选取茎干充实健壮的枝条，或将整形修剪时的健壮枝条作穗，长 10~18cm，然后插入土壤或其他基质内使之生根，保持土壤湿润。

应用　为优良的木本观花植物，可孤植或片植、或丛植。可用于碎落台、互通立交区、服务区绿化。

使君子

Quisqualis indica L.

使君子科 Combretaceae，使君子属 *Quisqualis*

形态特征 落叶攀援藤本。叶对生或近对生，叶片膜质，卵形或椭圆形，长5~11cm，宽2.5~5.5cm，先端短渐尖，基部钝圆。顶生穗状花序，组成伞房花序；苞片卵形至线状披针形；萼管长5~9cm；花瓣5枚，初为白色，后转淡红色。果卵形；种子1颗，圆柱状纺锤形，白色。花期6—10月；果期秋末成熟。

分布 产广东、广西、江西、湖南、福建、台湾（栽培）、贵州、四川、云南等地。也分布于印度、缅甸至菲律宾。

习性 喜光，稍耐阴，喜温暖湿润气候。

栽培 播种或扦插繁殖，但以扦插繁殖为主。

应用 攀爬能力强，宜作棚架廊道垂直绿化。可用于碎落台种植攀爬边坡，或作服务区棚架垂直绿化。

金丝桃

Hypericum monogynum L.

金丝桃科 Hypericoideae，金丝桃属 *Hypericum*

形态特征　灌木，高 0.5~1.3m。叶对生；叶片倒披针形或椭圆形至长圆形，长 2~11.2cm，宽 1~4.1cm，先端锐尖至圆形，具细小尖突，基部楔形至圆形。花序为疏松的近伞房状，具 1~15 朵花，自茎端第 1 节生出或茎端 1~3 节生出；花瓣金黄色至柠檬黄色，三角状倒卵形。蒴果宽卵珠形；种子深红褐色，圆柱形。花期 5—8 月；果期 8—9 月。

分布　产广东、广西、江西、浙江、安徽、江苏、福建、台湾、湖南、湖北、山东、河南、陕西、河北、四川、贵州等地。

习性　喜湿润、半阴之地，北方地区应将植株种植于向阳处。

栽培　播种、分株或扦插繁殖。扦插时将 1 年生粗壮的枝条剪成 10~15cm 长的插条，顶端留 1~2 片叶子；扦插基质宜用清洁的细河沙或蛭石珍珠岩混合配制（1 ∶ 1）；插后遮阴，保持基质湿润，容易成活。

应用　花叶秀丽，花冠如桃花，雄蕊金黄色，细长如金丝，绚丽可爱，是庭院中常见的观赏花木，可植于庭院假山旁及路旁，或点缀草坪。可用于边坡、碎落台、服务区绿化。

毛果杜英（尖叶杜英、长芒杜英、大叶杜英）

Elaeocarpus rugosus Roxb.
[*E. apiculatus* Masters]

杜英科 Elaeocarpaceae，杜英属 *Elaeocarpus*

形态特征 常绿乔木，高达30m。叶聚生于枝顶，革质，倒卵状披针形，长11~20cm，宽5~7.5cm，先端钝，基部窄而钝；叶柄长1.5~3cm。总状花序生于枝顶叶腋内，有花5~14朵；萼片6枚，狭窄披针形；花瓣倒披针形，先端7~8裂。核果椭圆形。花期4—5月；果实7—8月。

分布 产广东、海南、云南等地。中南半岛至马来西亚也有分布。

习性 喜光，喜温暖至高温、湿润气候，生长速度较快。不耐严寒，不耐干旱和瘠薄。

栽培 播种繁殖。宜即采即播。

应用 树冠塔形，盛花时，素洁、幽香的花朵悬于枝端，是优良木本花卉，常作园林风景树和行道树。可用于分离式中央分隔带、隧道洞门前、互通立交区、服务区绿化。

山杜英

Elaeocarpus sylvestris (Lour.) Poir.

杜英科 Elaeocarpaceae，杜英属 *Elaeocarpus*

形态特征 乔木，高约10m。叶纸质，倒卵形或倒披针形，长4~8cm，宽2~4cm，幼叶长达15cm，宽达6cm，上、下两面均无毛，先端钝，基部窄楔形。总状花序生于枝顶叶腋内，长4~6cm；花瓣倒卵形，上半部撕裂，裂片10~12条，外侧基部有毛。核果椭圆形。花期4—5月。

分布 产广东、海南、广西、江西、湖南、福建、浙江，贵州、四川、云南等地。越南、老挝、泰国也有分布。

习性 喜光，喜温暖、湿润环境，耐干热。抗污染性强，生长迅速。

栽培 播种繁殖。

应用 枝叶茂密，树冠圆整，老叶及霜后部分叶变红，红、绿相间，颇为美丽。宜于草坪、坡地、林缘、庭前、路口丛植，或栽作背景树，或列植成绿墙起遮挡和隔声作用。因对二氧化硫抗性强，可选作工矿区绿化和防护林带树种。可用于护坡道、互通立交区、服务区绿化。

梧桐

Firmiana simplex (L.)W. Wight
[*Firmiana platanifolia* (L. f.) Marsili]

梧桐科 Sterculiaceae，梧桐属 *Firmiana*

形态特征 落叶乔木，高达16m，树皮青绿色，平滑。叶心形，掌状3~5裂，直径15~30cm，裂片三角形，顶端渐尖，基部心形，基生脉7条，叶柄与叶片等长。圆锥花序顶生，长约20~50cm，下部分枝长达12cm，花淡黄绿色。蓇葖果，膜质，有柄，成熟前开裂成叶状，每蓇葖果有种子2~4颗；种子圆球形。花期5—6月；果期9—10月。

分布 产我国南、北各地。日本也有分布。

习性 喜光，喜温暖、湿润气候；肥沃、湿润、深厚而排水良好的土壤环境生长良好。

栽培 播种、扦插或分株繁殖。秋季果熟时采收，沙藏种子，或播前用温水浸种作催芽处理。

应用 作行道树或庭园绿化观赏树。可用于互通立交区、服务区绿化。

假苹婆

Sterculia lanceolata Cav.

梧桐科 Sterculiaceae，苹婆属 *Sterculia*

形态特征 乔木。叶椭圆形、披针形或椭圆状披针形，长 9~20cm，宽 3.5~8cm，顶端急尖，基部近圆形。圆锥花序腋生，长 4~10cm，密集且多分枝；花淡红色；萼片 5 枚，矩圆状披针形或矩圆状椭圆形，顶端钝或略有小短尖突。蓇葖果鲜红色，长卵形或长椭圆形；种子黑褐色，椭圆状卵形。花期 4—6 月；果期 5~8 月。

分布 产广东、广西、云南、贵州和四川等地。缅甸、泰国、越南、老挝也有分布。

习性 喜光，喜温暖、湿润环境，生长迅速。

栽培 播种繁殖。种子宜即采即播。

应用 树干通直、树冠球形、翠绿而浓密、果鲜红色，为优良的观花、观果树种，可作园林风景树和绿荫树。可用于护坡道、互通立交区、服务区绿化。

苹婆

Sterculia monosperma Vent.
[*Sterculia nobilis* Smith]

梧桐科 Sterculiaceae，苹婆属 *Sterculia*

形态特征 乔木，树皮褐黑色。叶薄革质，矩圆形或椭圆形，长 8~25cm，宽 5~15cm，顶端急尖或钝，基部浑圆或钝。圆锥花序顶生或腋生，柔弱且披散，长达 20cm；花梗远比花长；萼初时乳白色，后转为淡红色，钟状。蓇葖果鲜红色，矩圆状卵形；种子椭圆形或矩圆形，黑褐色。花期 4—5 月；果期 7—8 月。

分布 产广东、广西、福建、云南和台湾等地。印度、越南、印度尼西亚也有分布。

习性 喜光，喜温暖湿润气候，喜生于排水良好的肥沃土壤。

栽培 播种、扦插繁殖。

应用 树冠浓密，叶常绿，树形美观，果型奇特，为优良的观花、观果树种，可作园林风景树、行道树和绿荫树。可用于护坡道、互通立交区、服务区绿化。

木棉

Bombax ceiba L.
[*B. malabaricum* DC L.]

木棉科 Bombacaceae，木棉属 *Bombax*

形态特征 落叶大乔木，高达 25m，幼树树干和老树枝条上有圆锥状皮刺。掌状复叶，小叶 5~7 枚，长圆形至长圆状披针形，全缘。花较大，单生枝顶叶腋，常为红色，偶有橙红色，花萼杯状，花瓣 5 枚，花柱长于雄蕊。蒴果长圆形，果内有丝状绵毛。花期 3—4 月；果期夏季。

分布 产广东、海南、广西、江西、福建、台湾、贵州、四川、云南等地。印度，斯里兰卡、中南半岛、马来西亚、印度尼西亚至菲律宾及澳大利亚北部也有分布。现热带地区普遍栽培。

习性 喜光，喜高温、湿润气候，耐干旱，抗风，抗大气污染。

栽培 播种或扦插繁殖。种子繁殖宜即采即播。

应用 花橘红色，先花后叶，是优良的木本花卉树种，为优良的园林风景树和行道树。可用于互通立交区、服务区绿化。

美丽异木棉

Ceiba speciosa St.Hih.

木棉科 Bombacaceae，吉贝属 *Ceiba*

形态特征 落叶乔木，高 12~18m。树干挺拔，树皮绿色或绿褐色，具圆锥状尖刺，成年树下部膨大呈酒瓶状。叶互生，掌状复叶，小叶 3~7 片，多为 5 片，倒卵状长椭圆形或椭圆形，中央小叶较大，长 7~14cm，上半部边缘有锯齿，先端突尖或渐尖，基部楔形。花大，1~3 朵腋生或数朵聚生枝端，略芳香；花萼杯状，绿色；花瓣 5 枚，粉红色或红色，基部黄色或白色带紫斑，也有全白色而内带黄色的，边缘波状而略反卷。蒴果纺锤形，内有棉毛；种子多数，近球形。花期 10—12 月；果期 5 月。

分布 广东、福建、广西、海南、云南、四川等地有栽培。原产于南美洲，热带地区多有栽培。

习性 喜光，喜高温多湿气候，略耐旱，耐瘠薄，抗风，速生，萌芽力强。对土质要求不苛，但以土层疏松、排水良好的沙壤土为佳。

栽培 播种繁殖。宜即采即播。

应用 为优良的观花乔木，可作庭园树、风景树及行道树。可用于分离式中央分隔带、互通立交区、服务区绿化。

水瓜栗

*Pachiraaquatica*Acebl.

木棉科 Bombacaceae，瓜栗属 Pachira

形态特征　常绿乔木，树高 15m，树干基部膨大，有板根。掌状复叶，小叶 4~7 枚，全缘，长椭圆形或披针形。花大，白绿色，花瓣线形，单生于叶腋间。蒴果木质，椭圆形或卵形。花期 5—6 月；果期 9—10 月。

分布　原产墨西哥，现热带地区有栽培。

习性　喜光和喜高温多湿环境，有一定耐旱能力；肥沃，疏松的土壤生长良好。

栽培　播种、嫁接或高压繁殖。

应用　适宜庭园、公园绿地种植。可用于互通立交区、服务区、管理中心等处绿化。

木芙蓉

Hibiscus mutabilis L.

锦葵科 Malvaceae，木槿属 *Hibiscus*

形态特征　落叶灌木或小乔木，高 2~5m。叶宽卵形至圆卵形或心形，直径 10~15cm，常 5~7 裂，裂片三角形，先端渐尖，具钝圆锯齿；叶柄长 5~20cm。花单生于枝端叶腋间；萼钟形，长 2.5~3cm，裂片 5，卵形；花初开时白色或淡红色，后变深红色，直径约 8cm，花瓣近圆形，直径 4~5cm。蒴果扁球形，果爿 5。花期 8—10 月。

分布　原产湖南。我国大部分省份有栽培。日本和东南亚各国也有栽培。

习性　喜光，耐旱，耐寒，喜温暖湿润气候，生长较快，萌蘖性强。对二氧化硫抗性特强，对氯气、氯化氢也有一定抗性。

栽培　扦插或分株繁殖。在秋末冬初落叶后进行，插穗宜选取 1 年生健壮而充实的枝条，每段长 10~15cm，插于沙土中，罩上塑料薄膜保温、保湿，约 1 个月可生根。

应用　本种花大、色丽，为我国栽培悠久的园林观赏植物。因其拥有盘根错节的发达根系，具有较强的防止水土流失的作用，常用于碎落台、中央分隔带、互通立交区、服务区绿化。

朱槿（扶桑、大红花）

Hibiscus rosa-sinensis L.

锦葵科 Malvaceae，木槿属 *Hibiscus*

形态特征 常绿灌木，高达 3m。叶阔卵形或狭卵形，长 4~9cm，宽 2.5cm，先端渐尖，基部圆形或楔形，边缘具粗齿或缺刻。花单生于上部叶腋间；花冠漏斗形，玫瑰红色或淡红、淡黄等色，花瓣倒卵形。蒴果卵形。花期全年。

分布 原产我国中部各省。广东、云南、台湾、福建、广西、四川等地栽培。

习性 喜光，喜温暖、湿润气候，不太耐寒，但耐旱性好，耐修剪。

栽培 扦插繁殖。5—10 月进行。剪取 1 年生半木质化的健壮枝条，长约 10cm，剪去下部叶片，留顶端叶片，切口要平，插于沙床，保持较高空气湿度，插后 20~25

［艳红朱槿］

［黄花扶桑（单瓣）］

［黄色重瓣扶桑］

［花叶扶桑（七彩大红花）］

天生根。用 0.3%~0.4% 吲哚丁酸处理插条基部数秒，可促进生根。栽培品种有：①艳红朱槿（*Hibiscus rosa-sinensis* ‘Carminato-plenus’），花重瓣，鲜红色；②黄花扶桑（*Hibiscus rosa-sinensis* ‘Luteus’），花单瓣，黄色；③黄色重瓣扶桑（*Hibiscus rosa-sinensis* ‘Toreador’），花重瓣，黄色；④花叶扶桑（七彩大红花）（*Hibiscus rosa-sinensis* ‘Variegata’），叶片有黄、白、红等颜色，花单瓣，红色。

应用 花大、色艳，四季常开，为优良的园林观赏花卉。常用于碎落台、路肩、中央分隔带、互通立交区、服务区绿化。

木槿

Hibiscus syriacus L.

锦葵科 Malvaceae，木槿属 *Hibiscus*

形态特征　落叶灌木，高 3~4m。叶菱形至三角状卵形，长 3~10cm，宽 2~4cm，具深浅不同的 3 裂或不裂，先端钝，基部楔形，边缘具不整齐齿缺。花单生于枝端叶腋间；花钟形，淡紫色，直径 5~6cm；花瓣倒卵形，长 3.5~4.5cm。蒴果卵圆形，种子肾形。花期 7—10 月。

分布　原产我国中部各省。我国南北方各有栽培。

习性　喜光和温暖、潮润的气候，对环境的适应性很强，较耐干燥和贫瘠，耐修剪，对土壤要求不严格。

栽培　扦插或分株繁殖。常见栽培品种有：①粉紫重瓣木槿（*Hibiscus syriacus* L.f. *amplissimus* Gagnep. F.），落叶灌木，叶纸质，浅 3 裂，灰绿色，无光泽；花重瓣，粉紫色，内面基部洋红色；产山东。②白花重瓣木槿（Hibiscus syriacus L. f. albus~plenus London），花重瓣，白色，有时略带淡紫色斑，直径 6~10cm。

应用　花大、色艳，四季常开，为优良的园林观赏花卉，或作绿篱材料。常用于碎落台、中央分隔带、互通立交区、服务区绿化。

［粉紫重瓣木槿］

［白花重瓣木槿］

红背山麻杆

Alchornea trewioides (Benth.) Muell.~Arg.

大戟科 Euphorbiaceae，山麻杆属 *Alchornea*

形态特征 灌木，高 1~2m，幼枝被灰色柔毛。叶互生，纸质，宽卵形，长 7~13cm，边缘疏生具腺小齿，叶背浅红色；基出脉 3；小托叶披针形。雌雄异株，雄花序穗状，腋生；雌花序总状，顶生。蒴果球形，具 3 个圆棱。花期 3—5 月；果期 6—8 月。

分布 产广东、广西、海南、福建、江西、湖南等地。泰国、越南、日本也有分布。生于山地矮灌丛中、疏林下或石灰岩山灌丛中。

习性 喜光、喜高温、高湿，耐旱，耐热，耐瘠薄。

栽培 播种或扦插繁殖，春至秋季均能育苗。

应用 叶形、叶色优美，适合庭园种植。是公路边坡生态恢复与重建的优良种类，可栽植于边坡、碎落台、互通立交区、服务区绿化。

秋枫

Bischofia javanica Bl.

大戟科 Euphorbiaceae，秋枫属 *Bischofia*

形态特征　常绿或半常绿大乔木，高达 40m，树皮灰褐色至棕褐色。三出复叶，小叶卵形，纸质，顶端急尖，基部宽楔形至钝，边缘有浅锯齿。雌雄异株，圆锥花序腋生。果圆球形，褐色或淡红色。花期 4—5 月；果期 8—10 月。

分布　产广东、海南、广西、江苏、安徽、浙江、江西、福建、台湾、湖南、湖北、河南、陕西、四川、贵州、云南等地。印度、中南半岛、印度尼西亚、菲律宾、日本、澳大利亚也有分布。

习性　喜光，喜温暖、湿润气候。适生于微酸性及中性的湿润肥沃的沙质壤土。

栽培　播种繁殖。宜即采即播或沙藏至翌年春播。

应用　树干挺拔，树冠圆整，是优良的河堤绿化和行道树树种。可用于互通立交区、服务区的绿化。

白楸

Mallotus paniculatus (Lam.) Muell.-Arg.

大戟科 Euphorbiaceae，野桐属 *Mallotus*

形态特征　乔木或灌木，高 3~15m。叶互生，卵形、卵状三角形或菱形，长 5~15cm，宽 3~10cm，顶端长渐尖，基部楔形或阔楔形，边缘波状或近全缘；基出脉 5 条，基部近叶柄处具腺体 2 个。花雌雄异株，总状花序或圆锥花序，顶生。蒴果扁球形，具 3 个分果爿；种子近球形。花期 7—10 月；果期 11—12 月。

分布　产广东、海南、广西、安徽、云南、贵州、福建和台湾等地。生于林缘或灌丛中。分布于亚洲东南部各国。

习性　喜光，耐旱，耐寒，耐瘠薄。

栽培　播种繁殖。冬季采集成熟的果实，收集纯净种子沙藏，至翌年春季撒播。

应用　宜作荒坡绿化、水土保持林及园景树。适应性强，也可用于公路边坡植被恢复。

余甘子

Phyllanthus emblica L.

大戟科 Euphorbiaceae，叶下珠属 *Phyllanthus*

形态特征　灌木至乔木，高可达 10m，一般树高为 1~3m，树皮浅褐色，小枝被锈色短绒毛。叶片线状长圆形，长 8~20mm，宽 2~6mm，顶端截平或钝圆，有锐尖头或微凹，基部浅心形而稍偏斜。聚伞花序腋生，花较小，黄色。蒴果核果状，圆球形，绿白色，外果皮肉质。花期 4—6 月；果期 7—9 月。

分布　产广东、海南、四川、贵州、云南等地。中南半岛、马来西亚和印度也有分布。

习性　喜光，适应性强，耐干旱和瘠薄，萌蘖力强，耐修剪。

栽培　播种、扦插繁殖。

应用　分枝多，枝叶茂盛，适宜用作公路边坡植被恢复树种。

乌桕

Sapium sebiferum (L.) Roxb.

大戟科 Euphorbiaceae，乌桕属 *Sapium*

形态特征　落叶乔木，高达 15m，具乳液。叶互生，纸质，叶片菱形或菱状卵形，长 3~8cm，宽 3~9cm，顶端骤然紧缩，具长短不等的尖头，基部阔楔形或钝；叶柄顶端具 2 腺体。花单性，雌雄同株，聚集成顶生、长 6~12cm 的总状花序，雌花通常生于花序轴最下部，雄花生于花序轴上部。蒴果梨状球形；种子扁球形，黑色，外被白色、蜡质的假种皮。花期 4—8 月；果期 8—12 月。

分布　产秦岭、淮河以南各地。

习性　喜光，耐旱，耐寒，耐瘠薄，对酸性、钙质土、盐碱土均能适应。

栽培　播种繁殖。冬季采摘的成熟的果实，脱粒后去除杂质后，纯净的种子置于通风干燥处储藏，供翌年春播种。

应用　叶片秋季变红，是较好的秋色叶树种，适作园景树、行道树。亦宜荒坡绿化，可用于边坡、互通立交区、服务区绿化。

桃

Amygdalus persica L.

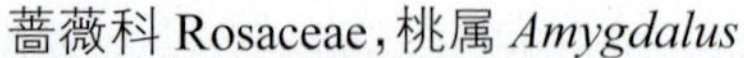

蔷薇科 Rosaceae，桃属 *Amygdalus*

形态特征 落叶小乔木，树高 3~8m。叶片长圆披针形、椭圆披针形或倒卵状披针形，长 7~15cm，宽 2~3.5cm，先端渐尖，基部宽楔形。花单生，先于叶开放；萼筒钟形，绿色而具红色斑点；萼片卵形至长圆形，顶端圆钝；花瓣长圆状椭圆形至宽倒卵形，粉红色。花期 3—4 月；果期 5—6 月。

分布 原产我国，各地广泛栽培。世界各地均有栽植。

习性 喜光，耐旱，较耐寒，忌积水。

栽培 嫁接繁殖为主，也可采用压条法和播种法。栽培品种有：①碧桃（*A. persica* '*Duplex*'），花重瓣，粉红色。②紫叶桃（*A. persica* '*Atropurpurea*'），叶紫红色，花单瓣或重瓣，粉红色。

应用 绿化中常用片植，形成疏枝花地的群体景观，用于湖滨、溪畔等临水绿化。常用于高速公路碎落台、互通立交区、服务区绿化。

［碧桃］

［紫叶桃］

榆叶梅

Amygdalus triloba (Lindl.) Ricker

蔷薇科 Rosaceae，桃属 *Amygdalus*

[重瓣榆叶梅]

形态特征 落叶灌木或小乔木，枝紫褐色，粗糙。单叶互生，叶卵形至倒卵形，先端短渐尖，常 3 裂，叶背被短柔毛，叶缘有不等重锯齿。花 1~2 朵生于叶腋，粉红色，先于叶开放。果实近球形，顶端具小尖头，红色，外被短柔毛。花期 4 月；果期 8 月。

分布 我国北方大部分地区普遍栽植。

习性 喜光，耐寒，抗旱能力强。对土壤要求不严格，但以中性至微碱性的肥沃、疏松的沙壤土最佳。

栽培 播种或嫁接繁殖。栽培品种有重瓣榆叶梅（*Amygdalus triloba* ‘*Plena*’），花重瓣，粉红色。

应用 春季开花时节，满树粉红色的花团鲜艳夺目，甚为美观。是我国北方用得较多的园林树木之一。可用于碎落台、互通立交区、服务区绿化。

山杏

Armeniaca sibirica (L.) Lam.

蔷薇科 Rosaceae，杏属 *Armeniaca*

形态特征　灌木或小乔木，高 2~5m，树皮暗灰色。叶片卵形或近圆形，长 5~10cm，宽 4~7cm，先端长渐尖至尾尖，基部圆形至近心形，叶边有细钝锯齿。花单生，直径 1.5~2cm，先于叶开放；花萼紫红色，萼筒钟形；花瓣近圆形或倒卵形，白色或粉红色。果实扁球形，黄色或橘红色，有时具红晕；核扁球形。花期 3—4 月；果期 6—7 月。

分布　产河北、山西、甘肃、内蒙古、辽宁、吉林、黑龙江等地。

习性　喜光，耐旱，极耐寒，耐瘠薄。喜生于干燥向阳山坡上、丘陵草原或与落叶乔木、灌木混生。

栽培　播种或扦插或嫁接繁殖。

应用　可用于边坡、碎落台、互通立交区、服务区绿化。

钟花樱桃（福建山樱花、山樱花、绯樱）

Cerasus campanulata (Maxim.) Yu et Li

蔷薇科 Rosaceae，樱属 *Cerasus*

形态特征　乔木或灌木，高 3~8m，树皮黑褐色。叶片卵形、卵状椭圆形或倒卵状椭圆形，薄革质，长 4~7cm，宽 2~3.5cm，先端渐尖，基部圆形，边有急尖锯齿；叶柄顶端常有腺体 2 个。伞形花序，有花 2~4 朵，先叶开放，花直径 1.5~2cm；花瓣倒卵状长圆形，粉红色，先端颜色较深。核果卵球形。花期 2—3 月；果期 4—5 月。

分布　产广东、广西、浙江、福建、台湾等地。生于海拔 100~600m 山谷林中及林缘。日本、越南也有分布。

习性　喜光及温暖、湿润气候，耐旱、怕涝。

栽培　播种、嫁接繁殖。应随采随播或湿沙层积至翌年春播。

应用　早春开花，花色鲜艳、亮丽，满树烂漫，极为壮观，是早春重要的观花树种，常用于园林观赏。群植于山坡成“花海”景观，或三五成丛点缀于绿地形成锦团，或孤植庭院、建筑物前观赏。可用于分离式中央分隔带、互通立交区、服务区、管理中心等处景观绿化。

樱花（日本樱花、东京樱花） *Cerasus yedoensis* (Matsum.) Yu et Li

蔷薇科 Rosaceae，樱属 *Cerasus*

［“关山”樱］

［东京樱花］

形态特征 乔木，高 4~16m，树皮灰色。叶片椭圆卵形或倒卵形，长 5~12cm，宽 2.5~7cm，先端渐尖或骤尾尖，基部圆形，边有尖锐重锯齿，齿端渐尖，有小腺体。花序伞形总状，总梗极短，有花 3~4 朵，先叶开放；花瓣白色或粉红色，椭圆卵形。核果近球形。花期 4 月；果期 5 月。

分布 北京、西安、青岛、南京、南昌等城市庭园栽培。原产日本。

习性 喜光及温暖、湿润气候，耐旱、怕涝。

栽培 播种、嫁接繁殖。常见栽培品种有“关山”樱（*Cerasus lannesiana* ‘Sekiyama’），花重瓣，浅粉色。

应用 是美丽的观花树种，常用于庭园、主干道绿带、池畔、河边、草坪等处绿化。可用于分离式中央分隔带、互通立交区、服务区、管理中心等处景观绿化。

贴梗海棠（皱皮木瓜） *Chaenomeles speciosa* (Sweet) Nakai

蔷薇科 Rosaceae，木瓜属 *Chaenomeles*

形态特征　落叶灌木，高达 2m，枝条开展，有刺。单叶互生，卵圆形或椭圆形，先端尖，缘有锐锯齿，托叶大，肾形或半圆形，边缘有尖锐重锯齿。花先叶开放，一般 3 朵簇生于两年生枝上。花直径 3~5cm，朱红、粉红或白色，单瓣或重瓣。梨果球形或卵圆形。花期 3—5 月；果期 9—10 月。

分布　产广东、贵州、四川、云南、陕西、甘肃等地。缅甸也有分布。

习性　喜光、喜温暖、湿润气候，具一定的抗旱和耐寒能力。

栽培　分株、压条、扦插、嫁接繁殖。宜于秋季落叶后春季萌芽前移植。

应用　早春先叶开花，花色艳丽，灿若红霞，秋季果色黄绿，芳香沁人心脾，是优良的园林观赏灌木。可用于碎落台、互通立交区、服务区绿化。

山楂（山里红）

Crataegus pinnatifida Bge.

蔷薇科 Rosaceae，山楂属 *Crataegus*

形态特征 落叶乔木，高达 6m，树皮粗糙。叶片宽卵形或三角状卵形，两侧有羽状深裂片，边缘有重锯齿。伞房花序具多花，苞片膜质，边缘有腺齿；花瓣倒卵形或近圆形，白色。果实近球形或梨形，深红色，有浅色斑点。花期 5—6 月；果期 9—10 月。

分布 产江苏、陕西、河北、山东、山西、内蒙古、吉林、辽宁、黑龙江等地。朝鲜和俄罗斯也有分布。

习性 适应性强，喜光也耐阴，喜凉爽、湿润的环境。耐旱，耐寒又耐高温。

栽培 以播种、分枝或嫁接繁殖为主，也可用枝条和根扦插。种子有隔年发芽的习性。

应用 山楂可栽培作绿篱和观赏树，秋季果实累累，经久不凋，颇为美观。可用于碎落台、服务区绿化。

枇杷

Eriobotrya japonica (Thunb.) Lindl.

蔷薇科 Rosaceae，枇杷属 *Eriobotrya*

形态特征　常绿小乔木，高可达 10m。叶片革质，披针形、倒披针形、倒卵形或椭圆状长圆形，长 12~30cm，宽 3~9cm，先端急尖或渐尖，基部楔形，上部边缘有疏锯齿，基部全缘。圆锥花序顶生，长 10~19cm，具多花；花瓣白色，长圆形或卵形。果实球形或长圆形，黄色或桔黄色。花期 10—12 月；果期 5—6 月。

分布　产广东、广西、湖南、湖北、江西、安徽、浙江、江苏、福建、台湾、河南、陕西、甘肃、贵州、四川、云南等地。日本、印度、越南、缅甸、泰国、印度尼西亚也有栽培。

习性　喜光，稍耐阴，喜温暖气候和肥水湿润、排水良好的土壤，稍耐寒，不耐严寒。

栽培　播种或嫁接繁殖。

应用　美丽的观赏树木和果树。可用于互通立交区、服务区绿化。

棣棠花

Kerria japonica (L.) DC.

蔷薇科 Rosaceae，棣棠花属 *Kerria*

形态特征 落叶灌木，高 1~2m；小枝绿色，圆柱形，嫩枝有棱角。单叶互生，叶片卵状椭圆形，顶端长渐尖，基部圆形，边缘有尖锐重锯齿。单花，着生在当年生侧枝顶端；花瓣黄色，宽椭圆形。瘦果倒卵形至半球形。花期 4—6 月；果期 6~8 月。

分布 产华东、华南、华北、西南各地。日本也有分布。

习性 喜光，稍耐阴，喜温暖、湿润气候。根蘖萌发力强，能自然更新。

栽培 分株、扦插、播种繁殖。栽培品种有重瓣棣棠（*Kerria japonica* f. *pleniflora*），花重瓣，南北各地都有栽培。

应用 枝青叶翠，花色金黄，是优良的观赏树种，列植于水池岸边、假山石旁、建筑物前、林缘、草坪均佳，亦可作为绿篱。可用于碎落台、互通立交区、服务区绿化。

石楠

Photinia serratifolia (Desf.) Kalkman
[*Photinia serrulata* Lindl (Desfontaines) Kalkman]

蔷薇科 Rosaceae，石楠属 *Photinia*

形态特征 常绿灌木或小乔木，高 4~6m；枝褐灰色。叶片革质，长椭圆形或倒卵状椭圆形，顶端尾尖，基部宽楔形至圆形，边缘有带腺的细锯齿。复伞房花序花多而密；花白色，花瓣近圆形，萼筒杯状。果近球形，红色，后变紫褐色。花期 4—5 月；果期 10 月。

分布 产华南、华东、西南、西北等地。

习性 耐半阴，在半日照处生长良好，喜温暖、湿润环境，忌干旱、高温。萌芽力强，耐修剪，对烟尘和有毒气体有一定的抗性。

栽培 播种繁殖。扦插多可在雨季进行，选取当年生半木质化的嫩枝作插条，剪成 10~12cm 长，带 1 叶 1 芽，剪去 1/3 叶片。扦插前，使用生根粉浸泡有利于生根。

应用 树冠圆形，枝繁叶茂，嫩叶红色，花白色，果实红色，鲜艳夺目，是优良的园林观赏树种。可用于碎落台、互通立交区、服务区绿化。

红叶石楠

Photinia×fraseri

蔷薇科 Rosaceae，石楠属 *Photinia*

形态特征 石楠属杂交种的统称。常绿灌木或小乔木，株高 1~4m。叶革质，长椭圆形至倒卵披针形，春季新叶红艳，夏季转绿，秋、冬、春三季呈现红色，霜重色逾浓，低温色更佳。

常见的红叶石楠有三个品种：红罗宾（RedRobin）、红唇（RedTip）、鲁宾斯（Rubens）。红罗宾、红唇由石楠（*Photinia serratifolia*）与光叶石楠（*Photinia glabra*）杂交而成，是常见栽培品种。其中红罗宾的叶色鲜艳夺目，观赏性更佳。而鲁宾斯是从光叶石楠中选育而成，株型较小，叶片相对较小，一般为 9cm 左右，株高约 3m。

分布 华东、华中、西南有分布，近年来北京、天津、山东、河北、陕西等地有引种栽培。

习性 喜光，稍耐阴，喜温暖、湿润气候，耐干旱，耐瘠薄，不耐水湿，耐修剪。

栽培 扦插繁殖。选取当年生半木质化的嫩枝作插条，剪成 10~12cm 长，带 1 叶 1 芽，剪去 1/3 叶片。扦插前，使用生根粉浸泡有利于生根。

应用 春、秋、冬季，红叶石楠的新梢和嫩叶深红色，色彩艳丽持久。在夏季高温时节，叶片转为亮绿色，给人清新凉爽的感觉。既可作绿篱，也可修剪造景，形状可千姿百态，景观效果极佳。可用于碎落台、中央分隔带、服务区绿化。

紫叶李

Prunus cerasifera f. *atropurpurea* (Jacq.) Rehd.

蔷薇科 Rosaceae，李属 *Prunus*

形态特征 灌木或小乔木，高可达 8m。叶片椭圆形、卵形或倒卵形，长 3~6cm，宽 2~3cm，先端急尖，基部楔形或近圆形，边缘有圆钝锯齿。花 1 朵，稀 2 朵；花瓣白色至粉红色，长圆形或匙形。核果近球形或椭圆形，黄色、红色或黑色，微被蜡粉。花期 4 月；果期 8 月。

分布 我国各省均有栽培。

习性 喜光，喜温暖、湿润气候。稍耐碱。根系较浅，生长旺盛，萌蘖性强。

栽培 嫁接、扦插繁殖。

应用 嫩叶鲜红，老叶紫红，红叶终年可见。春季花朵盛开，满树粉红泛白，秋季果实累累，经久不凋，颇为美观。可用于碎落台、分离式中央分隔带、服务区绿化。

石斑木(车轮梅、春花木) *Rhaphiolepis indica* (L.) Lindl.

蔷薇科 Rosaceae,石斑木属 *Rhaphiolepis*

形态特征 常绿灌木,高 1~4m。叶革质,形状各式,卵形至矩圆形或披针形,先端短渐尖,基部狭而成一短柄,叶背网脉明显。伞房花序或圆锥花序顶生,花白色,中心有淡红色或橙红色点缀,其形状似梅花,故称“车轮梅”。果球形,紫黑色。花期 2—3 月;果期 10—12 月。

分布 产安徽、浙江、江西、湖南、贵州、云南、福建、广东、广西、台湾等地。日本、老挝、越南、柬埔寨、泰国和印度尼西亚也有分布。

习性 喜光,耐干旱,耐瘠薄,耐修剪。

栽培 播种、扦插繁殖。

应用 树冠优美,枝繁叶茂,花形美丽,可植于庭园观赏,或荒坡绿化。最宜植于园路转角处,用于空间分隔,或用于作阻挡视线的隐蔽材料。可用于碎落台、分离式中央分隔带、服务区绿化。

月季

Rosa chinensis Jacq.

蔷薇科 Rosaceae，蔷薇属 *Rosa*

［“晚香玉”月季］

［“神奇”月季］

形态特征　直立灌木，枝具钩状皮刺。叶互生，奇数羽状复叶，表面光滑，小叶片宽卵形。花数朵集生；萼片卵形，内面密被长柔毛；重瓣，花瓣倒卵形，先端有凹缺；花色繁多，红色至白色。果卵球形或梨形，红色。花期4—9月；果期6—11月。

分布　原产中国，现世界各地普遍栽培。

习性　喜光，喜空气流通，排水良好，能避冷风、干风的环境。

栽培　月季可用扦插、播种、组织培养等方法繁殖。常见栽培品种有：①“神奇”月季（*Rosa* ‘Miracle’），花橘红色；②“晚香玉”月季（*Rosa* ‘Maigold’），花重瓣，黄色。

应用　著名的园林观赏树种。可用于碎落台、分离式中央分隔带、服务区绿化。

粉团蔷薇（红刺玫）

Rosa multiflora var. *cathayensis* Rehd. et Wils.

蔷薇科 Rosaceae，蔷薇属 *Rosa*

形态特征 攀援灌木。小叶 5~9 枚，近花序的小叶有时 3 枚，连叶柄长 5~10cm；小叶片倒卵形、长圆形或卵形，长 1.5~5cm，宽 8~28mm，先端急尖或圆钝，基部近圆形或楔形，边缘有尖锐单锯齿。花多朵，排成圆锥状花序；花瓣粉红色，单瓣，宽倒卵形，先端微凹，基部楔形。果近球形，红褐色或紫褐色，有光泽。花期 4—6 月。

分布 产广东、江西、福建、安徽、浙江、湖北、河南、山东、河北、陕西、甘肃等地。

习性 喜光，耐干旱又耐水湿，耐寒，耐瘠薄，对土壤要求不严。

栽培 播种或扦插繁殖。

应用 栽培供观赏，可作绿篱、护坡及棚架绿化。

黄刺玫

Rosa xanthina Lindl.

蔷薇科 Rosaceae，蔷薇属 *Rosa*

形态特征　落叶灌木，高 2~3m。小枝褐色，有散生皮刺，无刺毛。羽状复叶，小叶 7~13 枚，卵形或近圆形，长 0.8~1.5cm，先端钝或微凹，叶缘有钝齿，叶背面幼时有柔毛。花单生，黄色，重瓣或单瓣，花径 4.5~5cm。果实近球形，红褐色。花期 4—6 月；果熟期 8—9 月。

分布　产我国东北和华北地区。各地广为栽培。

习性　喜光，耐寒，耐旱，耐瘠薄，适应性强。

栽培　播种、分株、压条、扦插繁殖。

应用　花色鲜艳，花期较长，是北方园林的美丽木本花卉，宜栽于花境、花园、草坪及路边作绿篱，还可绿化荒山，片栽点缀山坡，美化荒山。可用于碎落台、分离式中央分隔带、服务区绿化。

珍珠梅

Sorbaria sorbifolia (L.) A.Br.

蔷薇科 Rosaceae，珍珠梅属 *Sorbaria*

形态特征 落叶丛生灌木，高达 2m；枝条开展，无毛。奇数羽状复叶，小叶 11~17 枚，小叶无柄，长 4~7cm，边缘有尖锐重锯齿。圆锥花序顶生，小花白色。花瓣 5 枚。蓇葖果，长圆柱形。花期 6—7 月；果期 8—9 月。

分布 产江苏、河北、山东、山西、河南、陕西、甘肃、辽宁、吉林、黑龙江、内蒙古等地。俄罗斯、朝鲜、日本、蒙古亦有分布。

习性 喜光，极耐阴，耐寒。对土壤要求不严，生长快，萌蘖性强。

栽培 繁殖以分株、扦插为主，播种也可。分株，宜在春季萌动前或秋季落叶后进行；扦插，四季均可进行，以 3 月和 10 月扦插生根快，成活率高。

应用 枝叶优雅，花开雪白，甚为美观，丛植于林荫下，或配以小乔木或灌木（如西府海棠、樱花等），效果甚佳。可用于碎落台、分离式中央分隔带、服务区绿化。

华北绣线菊

Spiraea fritschiana Schneid.

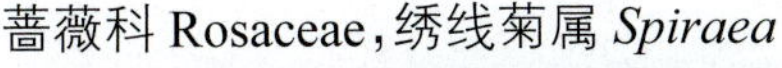

蔷薇科 Rosaceae，绣线菊属 *Spiraea*

形态特征　落叶性灌木，高 1~2m。嫩枝褐色。叶片卵形、椭圆卵形或椭圆状长圆形，先端急尖或渐尖，基部宽楔形，边缘有不整齐重锯齿或单锯齿。复伞房花序生于当年直立新枝顶端；苞片披针形；萼筒钟状，内面密被短柔毛，萼片三角形；花瓣白色，在芽中粉红色；雄蕊多数，长于花瓣。蓇葖果。花期 6 月；果期 7—8 月。

分布　产江苏、浙江、河南、陕西、山东、河北等地。

习性　喜光、耐旱、耐瘠薄，生于山谷丛林及岩石坡地。

栽培　播种、扦插繁殖。扦插，常用嫩枝扦插，易成活；播种，播前先将盆土洇透水，然后均匀地撒上种子，覆一层过筛细土，保湿，约 1 个月时间出苗。

应用　为优良的观花灌木，常植作花篱。可用于碎落台、分离式中央分隔带、服务区绿化。

粉花绣线菊

Spiraea japonica L. f.

蔷薇科 Rosaceae，绣线菊属 *Spiraea*

形态特征 直立灌木，高达 1.5m；枝条细长，开展。叶片卵形至卵状椭圆形，长 2~8cm，宽 1~3cm，先端急尖至短渐尖，基部楔形，边缘有缺刻状重锯齿或单锯齿。复伞房花序生于当年生的直立新枝顶端，花朵密集；花瓣卵形至圆形，粉红色。蓇葖果。花期 6—7 月；果期 8—9 月。

分布 原产日本、朝鲜。我国各地栽培供观赏。

习性 喜光，生态适应性强，耐寒，耐旱，耐贫瘠，抗病虫害。

栽培 播种、扦插繁殖。扦插，常用嫩枝扦插，易成活；播种，播前先将盆土洇透水，然后均匀地撒上种子，覆一层过筛细土，保湿，约 1 个月时间出苗。

应用 花繁叶密，为优良的观花灌木，广泛应用于各种绿地，可作地被观花植物、花篱、花境。可用于碎落台、分离式中央分隔带、服务区绿化。

三裂绣线菊

Spiraea trilobata L.

蔷薇科 Rosaceae，绣线菊属 *Spiraea*

形态特征 灌木，高 1~2m。叶片近圆形，长 1.7~3cm，宽 1.5~3cm，先端钝，常 3 裂，基部圆形、楔形或亚心形，边缘自中部以上有少数圆钝锯齿，两面无毛，下面色较浅，基部具显著 3~5 脉。伞形花序有花 15~30 朵；花瓣白色，宽倒卵形，先端常微凹。蓇葖果。花期 5—6 月；果期 7—8 月。

分布 产黑龙江、辽宁、内蒙古、山东、山西、河北、河南、安徽、陕西、甘肃等地。

习性 喜光，耐旱，耐寒，萌蘖力强。

栽培 播种、扦插繁殖。扦插，常用嫩枝扦插，易成活；播种，播前先将盆土洇透水，然后均匀地撒上种子，覆一层过筛细土，保湿，约 1 个月时间出苗。

应用 为良好的庭园绿化树种，可成行密植，为花篱和花境的好材料。可用于边坡、碎落台、分离式中央分隔带、服务区绿化。

合欢

Albizia julibrissin Durazz.

含羞草科 Mimosaceae，合欢属 *Albizia*

形态特征 落叶乔木，高可达16m，树冠开展。二回羽状复叶，总叶柄近基部及最顶一对羽片着生处各有1枚腺体；羽片4~20对；小叶10~30对，线形至长圆形，长6~12mm，宽1~4mm，向上偏斜，先端有小尖头，有缘毛。头状花序于枝顶排成圆锥花序；花粉红色。荚果带状，长9~15cm，宽1.5~2.5cm。花期6—7月；果期8—10月。

分布 产我国黄河流域及以南各地。

习性 喜光，喜温暖，耐寒，耐旱，耐土壤瘠薄及轻度盐碱。对二氧化硫、氯化氢等有害气体有较强的抗性。

栽培 播种繁殖。于9—10月间采种，翌年春季播种，播种前将种子浸泡8~10h后取出播种。

应用 粉红色花，鲜艳美丽。园林中可用作行道树、庭荫树，也可植于林缘、房前、坡地进行绿化美化。可用于碎落台、互通立交区、服务区绿化。

银合欢

Leucaena leucocephala (Lam.) de Wit

含羞草科 Mimosaceae，银合欢属 *Leucaena*

形态特征　灌木或小乔木，高 2~6m；幼枝被短柔毛，具褐色皮孔。羽片 4~8 对，长 5~12cm，叶轴被柔毛，在最下一对羽片着生处有黑色腺体 1 枚；小叶 5~15 对，线状长圆形，长 7~13mm，宽 1.5~3mm，先端急尖，基部楔形，边缘被短柔毛，中脉偏向小叶上缘，两侧不等宽。头状花序 1~2 个腋生，直径 2~3cm；花白色；花瓣狭倒披针形。荚果带状；种子 6~25 颗，卵形，褐色，扁平，光亮。花期 4—7 月；果期 8—10 月。

分布　产广东、海南、广西、福建、台湾和云南等地。原产热带美洲，现广布于各热带地区。

习性　喜光，耐旱，适应性强，不择土壤，耐瘠薄和盐碱，含根瘤菌，生长快。

栽培　播种繁殖。播种前先用温水浸泡，播后 3~5 天发芽。

应用　本种耐旱力强，为荒山造林树种，亦可作绿篱。与其他种类搭配用于边坡生态恢复。

朱樱花（美蕊花、红绒球） *Calliandra haematocephala* Hassk

含羞科 Mimosaceae，朱缨花属 *Calliandra*

形态特征 常绿灌木或小乔木，高 1~3m。二回羽状复叶；羽片 1 对，长 8~13cm；小叶 7~9 对，斜披针形，长 2~4cm，宽 7~15mm，中上部的小叶较大，下部的较小，先端钝而具小尖头，基部偏斜，边缘被疏柔毛。头状花序腋生，直径约 3cm（连花丝），有花约 25~40 朵；花萼钟状，长约 2mm，绿色；花冠管长 3.5~5mm，淡紫红色；雄蕊突出于花冠之外，非常显著。荚果线状倒披针形；种子 5~6 颗，长圆形。花期 8—9 月；果期 10—11 月。

分布 广东、福建、台湾等地有引种，栽培供观赏。原产南美洲，现热带、亚热带地区常有栽培。

习性 喜光，喜温暖、湿润气候，适生于深厚、肥沃、排水良好的酸性土壤

栽培 扦插或播种繁殖。在春季剪取 1~2 年生健壮枝条作插穗，插床温度需保持在 15~28℃。

应用 朱缨花叶色亮绿，花极美丽，花色鲜红又似绒球状，很是可爱，是一种观赏价值较高的花灌木。可应用于碎落台、中央分隔带、互通立交区、服务区绿化。

红花羊蹄甲（紫荆花、洋紫荆） *Bauhinia blakeana* Dunn

苏木科 Caesalpiniaceae，羊蹄甲属 *Bauhinia*

形态特征 乔木，高达15m。叶革质，近圆形或阔心形，长8.5~13cm，宽9~14cm，基部心形，先端2裂约为叶全长的1/4~1/3，裂片顶钝或狭圆。总状花序顶生或腋生；花瓣红紫色，具短柄，倒披针形，连柄长5~8cm，宽2.5~3cm，近轴的一片中间至基部呈深紫红色。通常不结果。花期全年，3—4月为盛花期。

分布 世界名地广泛栽植。为香港市花。

习性 喜光，喜温暖至高温、湿润气候，适应性强

栽培 扦插繁殖。在春季3—4月间，选择1年生健壮枝条，剪成10~12cm长，并带有2~3个节作为插穗，将下部叶片剪去，仅留顶端1~2个叶片，将插穗插入沙床中。保持湿润，易生根、发芽。

应用 美丽的观赏树木，花大，紫红色，盛开时繁花满树，为秋冬季庭园树观花树之一。可用于互通立交区、服务区等处绿化。

首冠藤

Bauhinia corymbosa Roxb.

苏木科 Caesalpiniaceae，羊蹄甲属 *Bauhinia*

形态特征 木质藤本，卷须单生或成对。叶纸质，近圆形，长和宽 2~3cm，自先端深裂达叶长的 3/4，裂片先端圆，基部近截平或浅心形。伞房花序式的总状花序顶生于侧枝上，多花，花芳香；花瓣白色，有粉红色脉纹，阔匙形或近圆形。荚果带状长圆形，扁平；种子长圆形，褐色。花期 4—6 月；果期 9—12 月。

分布 产广东、海南等地。生于山谷疏林中或山坡阳处。世界热带、亚热带地区有栽培供观赏。

习性 喜光，喜温暖至高温、湿润气候，适应性强，耐寒，耐干旱，抗大气污染。

栽培 播种或扦插繁殖。种子可储藏至翌年春季播种；扦插，可在春、秋季进行，扦穗要选用成熟健壮的枝条。

应用 枝叶茂盛，花芳香美丽，是一种优良的藤本植物，可攀附于花架、绿廊、隧道洞门栽植，或作为地被植物植于坡地、堤岸或林缘处，也可作绿篱。

粉叶羊蹄甲

Bauhinia glauca (Wall. ex Benth.) Benth

苏木科 Caesalpiniaceae，羊蹄甲属 *Bauhinia*

形态特征 木质藤本，卷须略扁，旋卷。叶纸质，近圆形，长 5~7cm，2 裂达中部或更深裂，先端圆钝，基部阔，心形至截平；基出脉 9~11 条。伞房花序式的总状花序顶生或与叶对生，具密集的花；花瓣白色，倒卵形。荚果带状，不开裂，长 15~20cm，宽 4~6cm；种子 10~20 颗，卵形。花期 4—6 月；果期 7—9 月。

分布 产广东、广西、江西、湖南、贵州、云南等地。印度、中南半岛、印度尼西亚有分布。

习性 喜光，喜温暖至高温、湿润气候，适应性强，耐旱，耐寒，耐瘠薄，抗大气污染。

栽培 播种或扦插繁殖。播种，果熟期采摘果穗，置于阳光下曝晒，果荚开裂后收集纯净种子，宜随采随播；扦插，春季为适期。

应用 可依附于棚架、墙壁或岩石向上生长而自然下垂。是良好的木质花卉和垂直绿化植物。可用于边坡、挡墙、隧道洞门垂直绿化。

洋紫荆

Bauhinia variegata L.

苏木科 Caesalpiniaceae，羊蹄甲属 *Bauhinia*

形态特征　落叶乔木。叶近革质，阔卵形至近圆形，顶端 2 深裂达叶长的 1/3，裂片顶端圆，基部浅心形。总状花序侧生或顶生，近伞房状，具花数朵；花蕾纺锤形，花萼佛焰苞状；花瓣 5 枚，淡红色，倒披针形或倒卵形，具黄绿色或暗紫色斑纹。荚果带状。花期 3—4 月。

分布　产中国南部。生于向阳的坡地、空地中。世界广为栽培。

习性　喜光，稍耐阴，喜温暖至高温、湿润气候。

栽培　播种或扦插繁殖。常见栽培的还有白花洋紫荆（*Bauhinia variegata* var. *candida*），花瓣白色，近轴的一片或有时全部花瓣均杂以淡黄色的斑块，花无退化雄蕊，叶下面通常被短柔毛。

应用　开花时节，繁花似锦，是优良的观花乔木。可用于互通立交区、服务区绿化。

紫荆

Cercis chinensis Bunge

苏木科 Caesalpiniaceae，紫荆属 *Cercis*

形态特征 从生或单生灌木，高 2~5m。叶纸质，近圆形或三角状圆形；先端急尖，基部心形。花紫红色或粉红色，2~10 余朵成束，簇生于老枝和主干上；龙骨瓣基部具深紫色斑纹。荚果扁狭长形；种子 2~6 颗，阔长圆形，黑褐色，光亮。花期 3—4 月；果期 8—10 月。

分布 我国大部分省区有栽培。生于密林或石灰岩地区。

习性 喜光，耐旱，耐寒，耐瘠薄。

栽培 播种或分株繁殖。9—10 月收集种子，用湿沙混合置阴凉处越冬。翌年 3 月下旬到 4 月上旬播种，播前用 60℃温水浸泡种子，水凉后继续泡 3~5 天，每天需要换水一次；种子吸水膨胀后，放在 15℃环境中催芽，每天用温水淋 1~2 次，待露白后播于苗床。

应用 为美丽的木本花卉植物，可从植或片植观赏。可用于碎落台、互通立交区、服务区绿化。

皂荚

Gleditsia sinensis Lam.

苏木科 Caesalpiniaceae，皂荚属 *Gleditsia*

形态特征 落叶乔木或小乔木，高达15m；枝刺粗壮，圆柱形，常分枝，多呈圆锥状，长达16cm。1回羽状复叶互生，长10~18cm；小叶3~9对，纸质，卵状披针形至长圆形，长2~8.5cm，宽1~4cm，先端急尖，基部圆形或楔形，边缘具细锯齿。总状花序腋生，花瓣4枚，黄白色。荚果带状；种子多颗，长圆形或椭圆形，棕色，光亮。花期3—5月；果期5—12月。

分布 产我国南北各地。

习性 喜光，适应性广，抗逆性强，耐旱。耐寒，抗污染，具有固氮能力，各种土壤均能生长。

栽培 播种繁殖。10月果实成熟时采收，取出种子，随即播种；若春播，需将种子在水里泡胀后，再行播种。

应用 树冠广阔，枝叶浓密，树形优美，是良好的园景树、庭荫树，可用于城乡景观林、道路绿化。也是退耕还林的首选树种，常用作防护林和水土保持林。可应用于互通立交区、服务区绿化。

双荚槐（伞房决明） *Cassia bicapsularis* L.

苏木科 Caesalpiniaceae，决明属 *Cassia*

形态特征 直立灌木，多分枝。叶长 7 ～ 12cm，有小叶 3 ～ 4 对；小叶倒卵形或倒卵状长圆形，膜质，长 2.5 ～ 3.5cm，宽约 1.5cm，顶端圆钝，基部渐狭，偏斜；在最下方的一对小叶间有黑褐色线形而钝头的腺体 1 枚。总状花序，常集成伞房花序状，花鲜黄色。荚果圆柱状；种子 2 列。花期 5—6 月，9—12 月；果期 11 月至翌年 3 月。

分布 华南、华东有引种栽培。原产热带美洲。

习性 喜光，耐干旱，也耐水湿，对土壤要求不严，以沙壤土为好，喜肥，生长快。能耐 -5℃，在华东地区以冬季强剪后越冬为宜。

栽培 播种或扦插繁殖。宜即采即播，也可将种子储藏一定时间，播种前，用温水

浸种 24h，种子吸水膨胀可播种。

应用　花期长，为优良的秋冬观花树种，可列植或群植于庭园、道路两旁或用于草坪边绿化美化。可用于边坡、碎落台、互通立交区、服务区绿化。

黄槐(黄花槐、黄花决明) *Cassia surattensis* Burm.

苏木科 Caesalpiniaceae,决明属 *Cassia*

形态特征 灌木或小乔木,高 5~7m。叶长 10~15cm;叶轴及叶柄呈扁四方形,在叶轴上面最下 2 或 3 对小叶之间和叶柄上部有棍棒状腺体 2~3 枚;小叶 7~9 对,长椭圆形或卵形,长 2~5cm,宽 1~1.5cm,下面粉白色。总状花序生于枝条上部的叶腋内;花瓣鲜黄至深黄色,卵形至倒卵形,长 1.5~2cm。荚果扁平,条形;种子 10~12 颗,有光泽。花期几乎全年,但主要集中在 3—12 月。

分布 广东、广西、福建、台湾等地有栽培,原产印度、斯里兰卡、印度尼西亚。

习性 喜光,耐干旱,也耐水湿,对土壤要求不严,以沙壤土为好,喜肥,生长快。

栽培 播种繁殖。播种前,用温水浸种 24h,种子吸水膨胀可播种。

应用 花期几乎全年,满树金黄,为优良观花树种,可列植或群植于庭园、道路两旁或草坪边绿化美化。可用于碎落台、互通立交区、服务区绿化。

紫穗槐

Amorpha fruticosa L.

蝶形花科 Papilionaceae，紫穗槐属 *Amorpha*

形态特征　落叶灌木，丛生，高 1~4m。叶互生，奇数羽状复叶，长 10~15cm，有小叶 11~25 枚，基部有线形托叶；叶柄长 1~2cm；小叶卵形或椭圆形，长 1~4cm，宽 0.6~2.0cm，先端圆形，锐尖或微凹，有一短而弯曲的尖刺，基部宽楔形或圆形，具黑色腺点。穗状花序，长 7~15cm；旗瓣心形，紫色，无翼瓣和龙骨瓣。荚果下垂，长 6~10mm，宽 2~3mm。花期、果期 5—10 月。

分布　原产北美洲东北部和东南部。现我国东北、华北、西北及山东、安徽、江苏、河南、湖北、广西、四川等地均有栽培。

习性　喜光，耐干旱能力强，能在年降水量 200mm 处生长，极耐寒，耐瘠薄，耐水湿和轻度盐碱土，为固氮植物。

栽培　播种繁殖。播种前，将种子（带荚皮）放入水温约 60℃的热水中浸泡，并搅拌种子，自然冷却后浸种 24h，滤出进行撒播。

应用　栽植于河岸、河堤、沙地、山坡及公路、铁路沿线防风固沙、固土护坡。

斜茎黄耆（直立黄芪、沙打旺） *Astragalus adsurgens* Pall.

蝶形花科 Papilionaceae，黄耆属 *Astragalus*

形态特征 多年生草本，高 20~100cm。羽状复叶有 9~25 片小叶；小叶长圆形、近椭圆形或狭长圆形，长 10~25mm，宽 2~8mm，基部圆形或近圆形。总状花序长圆柱状、穗状、生多数花，排列密集；花冠近蓝色或红紫色，旗瓣长 11~15mm，倒卵圆形，先端微凹，基部渐狭，翼瓣较旗瓣短，瓣片长圆形，与瓣柄等长，龙骨瓣长 7~10mm，瓣片较瓣柄稍短。荚果长圆形，长 7~18mm，两侧稍扁，背缝凹入成沟槽，顶端具下弯的短喙，被黑色、褐色或和白色混生毛，假 2 室。花期 6—8 月；果期 8—10 月。

分布 产东北、华北、西北、西南地区。俄罗斯、蒙古、日本、朝鲜和北美温带地区有分布。

习性 喜光，抗逆性强，适应性广，具有抗旱、抗寒、抗风沙、耐瘠薄等特性，且较耐盐碱。

栽培 播种繁殖。从早春到初冬均可播种，沙害严重地区宜在风沙过后播种。夏末秋初的最终播期以其出苗后有一个多月的生长时间为度。播后覆土 1~2cm 厚。

应用 防风固沙能力强，种植沙打旺可减少风沙危害、防止水土流失和改良土壤。可应用于公路边坡植被恢复。

木豆

Cajanus cajan (L.) Millsp.

蝶形花科 Papilionaceae，木豆属 *Cajanus*

形态特征 直立灌木，1~3m。多分枝。叶具羽状 3 小叶；小叶纸质，披针形至椭圆形，长 5~10cm，宽 1.5~3cm，先端渐尖或急尖。总状花序长 3~7cm；花数朵生于花序顶部；花萼钟状，裂片三角形或披针形；花冠黄色，长约为花萼的 3 倍，旗瓣近圆形。荚果线状长圆形；种子 3~6 颗，近圆形。花期、果期 2—11 月。

分布 现我国广东、海南、广西、湖南、江西、福建、台湾、浙江、江苏、四川、云南等省均有栽培。原产印度，现世界热带及亚热带地区均有栽培。

习性 喜光，喜高温、多湿气候，喜肥，适应性强，耐干旱，耐瘠薄。

栽培 播种繁殖。播种前，将种子放入水温约 60℃的热水中浸泡，并搅拌种子，自然冷却后浸种 24h，滤出进行撒播。

应用 园林上常用作绿篱，或用于荒山绿化。可和其他乡土树种搭配用于公路边坡植被恢复。

短叶锦鸡儿（猪儿刺） *Caragana brevifolia* Kom.

蝶形花科 Papilionaceae，锦鸡儿属 *Caragana*

形态特征 灌木，高 1~2m。树皮深灰褐色；小枝有棱。假掌状复叶有小叶 4 枚，托叶硬化成针刺；小叶披针形或倒卵状披针形，先端锐尖，基部楔形。花梗单生于叶腋，关节在中部或下部；花萼管状钟形，褐色，被白粉；花冠黄色，长 14~16mm，旗瓣宽卵形，长约 14mm，宽约 11mm，先端稍截平，瓣柄长约 4mm，翼瓣较旗瓣稍长，瓣柄与瓣片近等长，龙骨瓣的瓣柄与瓣片近等长。荚果圆筒状。花期 6—7 月；果期 8—9 月。

分布 产四川西部、西藏东部、甘肃南部、青海南部。生于海拔 2000~3000m 的河岸、山谷、山坡杂木林间。

习性 喜光，稍耐阴，根系发达，具根瘤，耐旱，耐瘠薄，能在山石缝隙处生长。萌芽力、萌蘖力均强。

栽培 播种或扦插繁殖。播种，宜随采随播，如经干藏，翌年春播种前应浸种催芽；扦插，可于 2—3 月进行硬枝扦插，也可于梅雨季节行嫩枝扦插，插条截成 8~12cm 长，插深其 1/2，插后搭棚遮阴，适量浇水，生根后拆去阴棚，接受光照，进行炼苗。

应用 良好的防风固沙、水土保持树种，可调节小气候，涵养水源，改善生态环境，同时为优良的蜜源植物。可用于边坡生态恢复以及碎落台、互通立交区、服务区景观绿化。

柠条锦鸡儿

Caragana korshinskii Kom.

蝶形花科 Papilionaceae，锦鸡儿属 Caragana

形态特征 灌木，有时小乔状，高 1~4m。羽状复叶有 6~8 对小叶；托叶在长枝者硬化成针刺；小叶披针形或狭长圆形，长 7~8mm，宽 2~7mm，先端锐尖或稍钝，有刺尖，基部宽楔形，灰绿色，两面密被白色伏贴柔毛。花萼管状钟形；花冠长 20~23mm，旗瓣宽卵形或近圆形，先端截平而稍凹。荚果扁，披针形。花期 5 月；果期 6 月。

分布 产内蒙古、宁夏、甘肃（河西走廊）。生于半固定和固定沙地。常为优势种。

习性 喜光。根系发达，具根瘤，耐旱，耐瘠薄。

栽培 播种或扦插繁殖。

应用 良好的固沙和水土保持植物。可用于边坡生态恢复以及碎落台、互通立交区、服务区景观绿化。

鬼箭锦鸡儿（鬼箭愁） *Caragana jubata* (Pall.) Poir

蝶形花科 Papilionaceae，锦鸡儿属 *Caragana*

形态特征 灌木，直立或伏地，高 0.3~2m，基部多分枝。羽状复叶有 4~6 对小叶；托叶先端刚毛状，不硬化成针刺；叶轴长 5~7cm。小叶长圆形，长 11~15mm，宽 4~6mm，先端圆或尖，具刺尖头，基部圆形，绿色，被长柔毛。花梗单生，基部具关节，苞片线形；花萼钟状管形，长 14~17mm，萼齿披针形，长为萼筒的 1/2；花冠玫瑰色、淡紫色、粉红色或近白色，旗瓣宽卵形，基部渐狭成长瓣柄，翼瓣近长圆形，龙骨瓣先端斜截平而稍凹。荚果长约 3cm，宽 6~7mm，密被丝状长柔毛。花期 6—7 月；果期 8—9 月。

分布 产内蒙古、河北、山西、新疆。生于海拔 2400~3000m 的山坡、林缘。俄罗斯、蒙古也有分布。

习性 喜光，稍耐阴，根系发达，具根瘤，耐旱，耐瘠薄，能在山石缝隙处生长。萌芽力、萌孽力均强。

栽培 播种或扦插繁殖。播种，宜随采随播，如经干藏，翌年春播种前应浸种催芽；扦插，于 2—3 月进行硬枝扦插，也可于梅雨季节行嫩枝扦插，插条截成 8~12cm 长，插深其 1/2，插后搭棚遮阴，适量浇水，生根后拆去阴棚，接受光照，进行炼苗。

应用 良好的防风固沙、水土保持树种，可调节小气候，涵养水源，改善生态环境，同时为优良的蜜源植物。可用于边坡生态恢复以及碎落台、互通立交区、服务区景观绿化。

小叶锦鸡儿

Caraganamicrophylla Lam

蝶形花科 Papilionaceae，锦鸡儿属 Caragana

形态特征 灌木，高 1~3m。羽状复叶有 5~10 对小叶；小叶倒卵形或倒卵状长圆形，长 3~10mm，宽 2~8mm，先端圆或钝，具短刺尖。花萼管状钟形，长 9~12mm，宽 5~7mm，萼齿宽三角形；花冠黄色，长约 25mm，旗瓣宽倒卵形，翼瓣的瓣柄长为瓣片的 1/2，耳短，齿状；龙骨瓣的瓣柄与瓣片近等长，基部截平。荚果圆筒形，长 4~5cm，宽 4~5mm，具锐尖头。花期 5—6 月；果期 7—8 月。

分布 产东北、华北及山东、陕西、甘肃。生于固定、半固定沙地。

习性 喜光。根系发达，具根瘤，耐旱，耐瘠薄。

栽培 播种或扦插繁殖。

应用 枝条可做绿肥；嫩枝叶可做饲草。为固沙和水土保持植物。可用于边坡生态恢复以及碎落台、互通立交区、服务区景观绿化。

北京锦鸡儿

Caragana pekinensis Kom.

蝶形花科 Papilionaceae，锦鸡儿属 *Caragana*

形态特征 灌木，高 1~2m。羽状复叶有 6~8 对小叶；托叶宿存，硬化成针刺，灰褐色，基部扁；小叶椭圆形或倒卵状椭圆形，长 5~12mm，宽 5~7mm，先端钝或圆，具刺尖，两面密被灰白色伏贴短柔毛。花梗 2 个并生或单生，有时 3~4 个簇生，长 6~15mm，密被绒毛，上部具关节；花萼管状钟形，基部无囊状凸起；花冠黄色，长约 2.5cm，旗瓣宽卵形或宽椭圆形，翼瓣较旗瓣稍长。荚果扁，长 4 ～ 6cm，宽约 4mm，后期密被柔毛。花期 5 月；果期 7 月。

分布 产河北。生于低山山坡或黄土丘陵。

习性 喜光，稍耐阴，根系发达，具根瘤，耐旱，耐瘠薄，能在山石缝隙处生长。萌芽力、萌孽力均强。

栽培 播种或扦插繁殖。播种，宜随采随播，如经干藏，翌年春播种前应浸种催芽；扦插，可于 2—3 月进行硬枝扦插，也可于梅雨季节行嫩枝扦插，插条截成 8~12cm 长，插深其 1/2，插后搭棚遮阴，适量浇水，生根后拆去阴棚，进行炼苗。

应用 良好的防风固沙、水土保持树种，可调节小气候，涵养水源，改善生态环境，同时为优良的蜜源植物。可用于边坡生态恢复以及碎落台、互通立交区、服务区景观绿化。

小冠花

Coronilla varia L.

蝶形花科 Papilionaceae，小冠花属 *Coronilla*

形态特征　多年生草本，多分枝，茎匍匐生长，长达 1m 以上。奇数羽状复叶，有长柄，小叶互生，11~27 枚，长椭圆形或倒卵形，长 2cm 左右，宽 1.2~1.5cm。伞形花序腋生。荚果指状，分节，每节有种子 1 颗；种子细长、肾状，黑褐色。花期 5—7 月；果熟期 8—9 月。

分布　原产欧洲地中海地区。我国东北南部有栽培。

习性　喜光，耐干旱、瘠薄土壤，中性或微碱性土生长发育较好。根上有棒状根瘤或块状根瘤。

栽培　播种繁殖，又可营养繁殖。春播、夏播和秋播均可，以夏播为宜，播种量为 5~6g/m^2，覆土 1.5cm 厚。

应用　花紫红色，艳丽，可作花卉观赏植物。可用于公路边坡生态恢复以及碎落台、互通立交区、服务区绿化。

野百合(猪屎豆)

Crotalaria pallida Ait.

蝶形花科 Papilionaceae,猪屎豆属 *Crotalaria*

多年生草本,或呈灌木状,高约 1m。叶三出,柄长 2~4cm;小叶长圆形或椭圆形,长 3~6cm,宽 1.5~3cm,先端钝圆或微凹,基部阔楔形,两面叶脉清晰。总状花序顶生,长达 25cm,有花 10~40 朵;花冠黄色,伸出萼外,旗瓣圆形或椭圆形,冀瓣长圆形,龙骨瓣最长,弯曲,几乎达 90°,具长喙。荚果长圆形,长 3~4cm,果瓣开裂后扭转;种子 20~30 颗。花果期 9—12 月。

分布 产广东、广西、海南、福建、台湾、四川、云南、山东、浙江、湖南。美洲、非洲、亚洲热带、亚热带地区也有分布。

习性 喜光,稍耐干旱、耐瘠薄土壤。

栽培 播种繁殖。可采用直播方法播种,播后 10~20 天即可出苗,无需特殊管理,1 年生苗高 50~70cm。

应用 花大而美丽,花期长。可用于公路边坡生态恢复以及碎落台、互通立交区、服务区绿化。

多花木蓝

Indigofera amblyantha Craib

蝶形花科 Papilionaceae，木蓝属 *Indigofera*

直立灌木，高 0.8~2m。羽状复叶长达 18cm；小叶 3~4 (~5) 对，对生，卵状长圆形、长圆状椭圆形、椭圆形或近圆形，长 1~4cm，宽 1~2cm，先端圆钝，具小尖头，基部楔形或阔楔形。总状花序腋生，长达 11cm；花冠淡红色。果荚线状圆柱形，棕褐色；种子褐色，长圆形。花期 5—7 月；果期 9—11 月。

分布 产湖南、湖北、安徽、江苏、浙江、河南、河北、山西、陕西、甘肃、贵州、四川。

习性 喜光，耐寒，耐干旱，耐瘠薄土壤。

栽培 播种繁殖。可采用直播方法播种，播后 10~20 天即可出苗，1 年生苗高 50~70cm。

应用 花大而美丽，花期长，适宜植于庭园观赏，宜作干旱瘠薄地绿化。可用于公路边坡生态恢复以及碎落台、互通立交区、服务区绿化。

椭圆叶木蓝

Indigofera cassoides Rottl. ex DC.

蝶形花科 Papilionaceae，木蓝属 *Indigofera*

形态特征 直立灌木，高达1.5m。羽状复叶长5.5~15cm；小叶6~10对，对生或近对生，椭圆形或倒卵形，长1~2.4cm，宽7~15mm，先端钝或截形，微凹，具小尖头，基部楔形至圆形。总状花序腋生，长4~17cm；花冠淡紫色或紫红色，旗瓣阔卵形，长约1cm，宽7~7.5mm，先端圆钝，具短瓣柄，无毛，翼瓣长8~9.5mm，具缘毛，有耳状附属物及瓣柄，龙骨瓣长9~9.5mm，距短，先端及边缘具毛。荚果圆柱形，有种子8~42颗；种子方形，赤褐色。花期1—3月；果期4—6月。

分布 产广西、云南。巴基斯坦、印度、越南、泰国也有分布。

习性 喜光，较耐寒，耐干旱，耐瘠薄土壤。

栽培 播种繁殖。

应用 花大而美丽，花期长，适宜植于庭园观赏，宜作干旱瘠薄地绿化。可用于公路边坡生态恢复以及碎落台、互通立交区、服务区绿化。

胡枝子

Lespedeza bicolor Turcz.

蝶形花科 Papilionaceae，胡枝子属 *Lespedeza*

形态特征 直立灌木，高 1~3m，多分枝。羽状复叶具 3 小叶，小叶薄质，卵形或倒卵形，先端圆钝或微凹，基部圆形或宽楔形，全缘。总状花序腋生，构成大型、疏松的圆锥花序；花冠紫色，旗瓣无爪，翼瓣有爪，龙骨瓣与旗瓣等长，具长爪。荚果斜卵形，有密柔毛。花期 7—9 月；果期 9—10 月。

分布 产广东、广西、湖南、福建、台湾、浙江、江苏、安徽、山东、河南、甘肃、陕西、山西、内蒙古、河北、辽宁、吉林、黑龙江。朝鲜、俄罗斯、日本也有分布。

习性 耐阴，耐旱，耐寒，耐瘠薄，萌芽力强，固氮能力强，适应性极广，再生性强。

栽培 播种或扦插繁殖。荚果成熟时即采种。3—4 月进行春播，多用播种育苗。

应用 花繁茂美丽，花期长，可供观赏，是很好的蜜源植物及园林观赏植物。可用于公路边坡生态恢复以及碎落台、互通立交区、服务区绿化。

紫花苜蓿

Medicago sativa L.

蝶形花科 Papilionaceae，苜蓿属 *Medicago*

形态特征　多年生草本，高 30~100cm。主根粗大，入土很深，根冠膨大，其上密生幼芽，分枝能力强，一般每株可产生侧根数十条。茎秆直立或斜伸，多分枝。叶为羽状复叶，小叶 3 枚，倒卵形或长椭圆形，先端有粗锯齿，中间一片较大，托叶长而尖。总状花序腋生，由 20~30 朵紫花或淡紫色小花组成。荚果为螺旋形，有疏毛，先端有缘；种子肾形，黄褐色。花期 5—7 月；果期 6—8 月。

分布　全国各地都有栽培或呈半野生状态。生于田边、路旁、旷野、草原、河岸及沟谷等地。

习性　喜光，不耐阴，喜温暖半干旱气候，耐寒力强。由于根系入土深，能充分吸收土壤深层水分，故抗旱力很强。对土壤要求不严格，沙土、黏土均可生长。但耐热力较差，炎热的盛夏会出现生长停滞等休眠现象。

栽培　播种繁殖。春、夏、秋三季均可播种，播种量 15~20g/m^2，覆土 1.0~1.5cm 厚。

应用　为优良饲用植物，也是水土保持与固土固沙草本。可用于公路边坡生态恢复以及碎落台、互通立交区、服务区绿化。

常春油麻藤

Mucuna sempervirens Hemsl.

蝶形花科 Papilionaceae，黧豆属 *Mucuna*

形态特征　常绿木质藤本，长可达25m；幼茎具纵棱和皮孔。羽状复叶长21~39cm；小叶3枚，纸质或革质，顶生小叶椭圆形或卵状椭圆形，长8~15cm，侧生小叶极偏斜，无毛；侧脉4~5对。总状花序生于老茎上，每节有花3朵；花冠深紫色，旗瓣圆形。果木质，带形，具种子4~12颗。花期4—5月；果期8—10月。

分布　产广东、广西、江西、福建、湖南、湖北、贵州、云南、四川、陕西。常攀援于树上。日本也有分布。

习性　喜光、耐半阴，喜温凉、湿润环境，耐寒，不耐干旱和贫瘠，喜肥沃、富含有机质和湿润的土壤，排水须良好。

栽培　播种繁殖，亦可用扦插或压条繁殖。果熟时采摘成熟的果荚，采后摊晒后，剥出种子。种子要及时采收及时播种。生长期施肥2~3次。

应用　株形美观，花色美丽，盛花季节，一串串紫色的花生于老茎上，富有野趣，是较好的观赏藤本植物。常用于公路隧道洞门垂直绿化。

葛（葛藤）

Pueraria montana (Loureiro) Merrill Trans.
[*Pueraria lobata* (Willd.) Ohwi]

蝶形花科 Papilionaceae，葛属 *Pueraria*

形态特征　粗壮藤本，长可达 8m，全体被黄毛。羽状 3 小叶；托叶卵状长圆形；小叶二裂，偶尔全缘，顶生小叶宽卵形或斜卵形，先端长渐尖，侧生小叶斜卵形。总状花序腋生，花密；花冠紫红色；旗瓣倒卵形。荚果长椭圆形，扁平，密生黄色长硬毛。花期 9—10 月；果期 11—12 月。

分布　除新疆、西藏外几乎遍布全国。东南亚至澳大利亚也有分布。

习性　喜光，较耐寒，耐干旱、瘠薄土壤。

栽培　播种或扦插繁殖。果熟时采摘，把采得的果荚摊开晾晒，敲开果荚，收取纯净种子，种子可干藏。春末播种，播种前，用 60℃的热水浸泡种子至室温后再保持 48h。

应用　全株匍匐蔓延，蔓延力强，为良好的地被或荒坡水土保持树种。是公路边坡植被恢复良好的藤本植物。

刺槐

Robinia pseudoacacia L.

蝶形花科 Papilionaceae，洋槐属 *Robinia*

形态特征　落叶乔木，高 10~25m；树皮灰褐色至黑褐色，浅裂至深纵裂。奇数羽状复叶，具小叶 2~12 对，常对生，椭圆形、长椭圆形或卵形，先端圆，微凹，具有小尖头，基部圆至阔楔形，全缘；小托叶针芒状。总状花序花序腋生，下垂；花多数；花冠白色，芳香。荚果扁平。花期 4—5 月；果期 7—9 月。

分布　原产美国东部。我国 18 世纪末期自欧洲引入，现我国各地有栽培。

习性　喜光，耐寒，耐旱。对土壤要求不严，抗瘠薄，抗盐碱。根系发达，有根瘤。

［毛洋槐］

栽培　播种或无性繁殖。播种前需作催芽处理，10~15天发芽。小苗移植宜在秋季落叶后至春季萌芽前进行，无须带土。栽培品种有毛洋槐（*Robinia pseudoacacia* ‘*Dayehonghuahuai*’），花淡紫色。

应用　树体高大，枝繁叶茂，可作绿荫树及行道树。因其抗污染性强，可植于建筑物周围及工厂附近。可用于公路边坡生态恢复以及碎落台、互通立交区、服务区绿化。

国槐

Sophora japonica L.

蝶形花科 Papilionaceae，槐属 *Sophora*

形态特征 乔木，高达25m，树皮灰褐色，具纵裂纹。奇数羽状复叶，互生，具小叶4~7对，对生或近互生，卵状披针形或卵状长圆形，先端渐尖，基部宽楔形或近圆形。圆锥花序顶生，萼钟状，有5小齿；花冠乳白色或淡黄色，旗瓣近圆形，有紫色脉纹。荚果念珠状，成熟后浅绿色，悬于枝上直至干缩，终年不落。花期7—8月；果期8—10月。

分布 原产中国，现全国各地广泛有栽培，尤以华北平原及黄土高原常见。

习性 喜光，稍耐阴，适应性强，耐寒，对土壤要求不严，寿命长且能抗污染。

栽培 播种繁殖。采种后沙藏，翌年春播。休眠期可移栽，裸根即可。

应用 树冠大，树姿优美，枝繁叶茂，尤其是老树更显苍劲雄伟，是优良的乡土绿荫树种。可用于互通立交区、服务区绿化。

山毛豆（白灰毛豆、灰毛豆） *Tephrosia candida* DC.

蝶形花科 Papilionaceae，灰毛豆属 *Tephrosia*

形态特征 灌木状草本，高 1~3.5m。羽状复叶长 15~25cm；小叶 8~12 对，长圆形，长 3~6cm，宽 6~1.4cm，先端具细凸尖，总状花序顶生或侧生，长 15~20cm，疏散多花；花冠淡黄色或淡红色。荚果直，线形，密被褐色长短混杂细绒毛，长 8~10cm，宽 7.5~8.5mm；有种子 10~15 颗，种子榄绿色。花期 10—11 月；果期 12 月。

分布 原产印度东部和马来半岛。我国广东、广西、福建、云南有栽培，并逸生于草地、旷野、山坡。

习性 喜阳，耐旱，耐瘠薄，能耐轻霜，适应性强。

栽培 播种繁殖。

应用 常用于公路边坡、河岸、荒坡的植被恢复。

紫藤

Wisteria sinensis (Sims) Sweet.

蝶形花科 Papilionaceae，紫藤属 *Wisteria*

形态特征 落叶藤本。奇数羽状复叶长 15~25cm；小叶 3~6 对，纸质，卵状椭圆形至卵状披针形，上部小叶较大，基部 1 对最小，长 5~8cm，宽 2~4cm，先端渐尖至尾尖，基部钝圆或楔形。总状花序腋芽或顶芽，长 15~30cm，径 8~10cm；花冠紫色，旗瓣圆形，先端略凹陷，花开后反折，翼瓣长圆形，基部圆，龙骨瓣较翼瓣短，阔镰形。荚果倒披针形，有种子 1~3 颗。花期 4 —5 月；果期 5—8 月。

分布 产河北以南黄河长江流域及陕西、河南、广西、贵州、云南。

习性 喜光，耐旱，耐寒，耐水湿和瘠薄土壤。

栽培 播种或扦插繁殖。播种，种子需用热水浸泡再播，以提高发芽率和缩短发芽时间；扦插，常用根插法。

应用 我国自古即栽培作庭园棚架植物，花大而具香味，是垂直绿化的优良树种。

蚊母树

Distylium racemosum Sieb. et Zucc

金缕梅科 Hamamelidaceae，蚊母树属 *Distylium*

形态特征 常绿灌木或中乔木。叶革质，椭圆形或倒卵状椭圆形，长 3~7cm，宽 1.5~3.5cm，先端钝或略尖，基部阔楔形，侧脉 5~6 对，边缘无锯齿。总状花序长约 2cm；雌雄花同在一个花序上。蒴果卵圆形；种子卵圆形，深褐色、发亮，种脐白色。花期 4—5 月；果期 8—9 月。

分布 产广东、海南、福建、浙江、台湾、山东等地。朝鲜及琉球群岛有分布。

习性 喜光，耐寒。抗性强，对土壤要求不严，酸性、中性土壤均能适应。萌芽、发枝力强，耐修剪。

栽培 播种和扦插法繁殖。播种，翌年 2—3 月播种，发芽率 70%~80%；扦插，用 1~2 年生枝条，在 3—5 月进行。

应用 枝叶密集，树形整齐，叶色浓绿，经冬不凋，春季开放的细小红花颇为美丽，防尘及隔声效果好，是城市及工矿区绿化及观赏树种。植于路旁、庭前草坪上及大树下均合适，成丛、成片栽植作分隔空间或作为背景栽植，亦可栽作绿篱和防护林带。可用于碎落台、互通立交区、服务区绿化。

枫香

Liquidambar formosana Hance

金缕梅科 Hamamelidaceae，枫香树属 *Liquidambar*

形态特征　落叶乔木，高 10~30m；树皮灰褐色，方块状剥落。树脂芳香。单叶互生，叶掌状 3 裂，中央裂片较长，先端尾状渐尖，掌状脉 3~5 条，缘有齿，基部心形；叶柄长达 11cm。花雌雄同株，无花瓣，雌花具尖萼齿。蒴果，集成球形果序；种子多数，褐色，多角形。果期 10—12 月。

分布　产我国秦岭及淮河以南、华南、西南地区。越南、老挝、朝鲜也有分布。

习性　喜光，喜温暖至冷凉气候，耐干旱、瘠薄土壤。

栽培　播种繁殖。果熟期采摘成熟的果球，曝晒 2~4 天，敲打脱壳，揉搓去种翅，收取纯净种子。种子干藏至翌年 2—3 月播种，播后 3~4 周发芽。

应用　树姿优美，叶色有明显的季相变化，通常于初冬叶色变黄，至次年春季落叶前变红，为良好的庭园风景树、绿荫树和防风树。对二氧化硫、氯气有较强抗性，适合于厂矿区绿化，互通立交区、服务区绿化。

红花檵木

Loropetalum chinense var. rubrum Yieh

金缕梅科 Hamamelidaceae，檵木属 Loropetalum

形态特征　灌木或小乔木，多分枝。叶革质，卵形，长 2~5 厘米，宽 1.5~2.5 厘米，先端尖锐，基部钝，不等侧。花 3~8 朵簇生，紫红色，长 2 厘米，比新叶先开放，或与嫩叶同时开放；花瓣 4 片，带状，长 1~2 厘米，先端圆或钝。蒴果卵圆形。种子圆卵形。花期 3—4 月。

分布　分布于我国中部、南部及西南各省。

习性　喜光，稍耐阴，但阴时叶色容易变绿。适应性强，耐干旱、瘠薄土壤。喜温暖，耐寒冷。萌芽力和发枝力强，耐修剪。

栽培　以扦插和嫁接繁殖为主。

应用　红花檵木枝繁叶茂，姿态优美，为乡土彩叶观赏植物。耐修剪，耐蟠扎，易造型，也用于制作树桩盆景。早春花开时节，满树红花，极为壮观。可用于绿篱，公园、绿地绿化。也可用于碎落台、中央分隔带、互通立交区、服务区等处绿化。

杜仲

Eucommia ulmoides Oliv.

杜仲科 Eucommiaceae，杜仲属 *Eucommia*

形态特征　落叶乔木，高可达 20m；树皮灰褐色、粗糙，折断后拉开有白色细丝。叶椭圆形或卵形，薄革质，基部圆形或阔楔形，先端尖，边缘有细锯齿。花单性，雌雄异株，雄花无花被；苞片倒卵状匙形；雌花单生，苞片倒卵形。翅果扁平，长椭圆形；种子扁平，线形。早春开花，秋后果实成熟。

分布　产湖南、浙江、河南、湖北、四川、贵州、甘肃、陕西。

习性　喜温凉、湿润气候，喜阳光充足，土层深厚、疏松、肥沃的沙壤土。

栽培　播种繁殖，也可用插条法繁殖。播种前破开果皮，或用温水处理或放在湿沙内催芽，待胚根萌动后再播。

应用　树冠浓荫覆地，是优良的庭园树，可在庭园中单植、群植作庭荫树或列植作行道树。可用于互通立交区、服务区绿化。

黄杨(瓜子黄杨)

Buxus sinica (Rehd. et Wils) Cheng ex M. Cheng

黄杨科 Buxaceae，黄杨属 *Buxus*

形态特征 常绿灌木或小乔木，高达7m。叶倒卵形至宽椭圆形，长1~3cm，宽7~15mm，先端圆钝或微凹；花簇生于叶腋或枝端，无花瓣；萼片6，两轮。蒴果球形，熟时黑色，沿室背3瓣裂。花期3—4月；果期5—7月。

分布 产我国北部及中部。生于荒地和多岩石处。

习性 喜光，耐寒，耐旱，耐瘠薄。萌芽力强，耐修剪。抗有毒气体。

栽培 播种或扦插繁殖。播种，于春季进行，选肥沃、土层深厚、遮阴、排水良好的壤土；扦插，多用嫩枝。

应用 叶片绿色，树冠圆满，四季常青，常被作为园林绿化树种，也可作绿篱和树桩盆景。可用于碎落台、中央分隔带、互通立交区、服务区绿化。

悬铃木（法国梧桐） *Platanus orientalis* L.

悬铃木科 Platanaceae，悬铃木属 *Platanus*

形态特征 落叶大乔木，高达30m，树皮薄片状脱落。单叶互生，掌状分裂，先端渐尖，基部截形至心形，中央裂片长略大于宽，全缘或有粗齿；果序球形，常3个串生，宿存花柱突出呈刺状。小坚果倒圆锥形，基部围有长毛。花期4—5月；果期10—11月。

分布 原产欧洲东南部及亚洲西部，我国长江以北多有栽培。我国栽培久远，据记载晋代即已引种。

习性 喜光，耐旱，喜温暖、湿润气候。

栽培 扦插或播种繁殖。

应用 宜作行道树。可用于互通立交区、服务区绿化。

毛白杨

Populus tomentosa Carr.

杨柳科 Salicaceae，杨属 *Populus*

形态特征　树干端直，枝条上冲。叶互生，多卵圆形，锯齿或牙齿叶缘。雌雄异株，葇荑花序下垂，种子小，多数，具棉毛。

分布　产辽宁（南部）、河北、山东、山西、陕西、甘肃、河南、安徽、江苏、浙江等地，以黄河流域中、下游为中心分布区。

习性　根系发达，喜光，抗性强，有较强的适应性。

栽培　多用扦插繁殖。杨树插条生根容易，一般多采用无性（扦插）繁殖。春季树液流动前，选取 1~2 年生健壮枝条进行扦插，保持土壤湿润。

应用　适合作道路的行道树、防护林等。可用于互通立交区、服务区绿化。

垂柳

Salix babylonica L.

杨柳科 Salicaceae，柳属 *Salix*

形态特征 落叶乔木，高达 12~18m；树冠开展而疏散，伞形；树皮灰黑色，不规则纵裂；小枝细长下垂。单叶互生，叶狭披针形或线状披针形，细锯齿缘。花单性，雌雄异株，葇荑花序；花序先叶开放，或与叶同时开放。蒴果绿黄褐色。花期 2—3 月；果期 4 月。

分布 我国分布很广，长江流域很普遍。在亚洲、欧洲、美洲各国均有引种。

习性 喜光，耐碱，耐寒，喜好湿润。

栽培 扦插繁殖。于春季采集 1~2 年生枝条进行扦插。

应用 枝条柔软、细长而下垂，为优良的园林绿化树种，最适于种植在河岸、湖边等处，也是北方城市中优良的行道树。可用于互通立交区、服务区绿化。

朴树

Celtis sinensis Pers.

榆科 Ulmaceae，朴属 *Celtis*

形态特征 落叶乔木，树冠近椭圆状伞形；树皮平滑，灰色。叶互生，叶柄长；叶片革质，宽卵形至狭卵形，先端急尖至渐尖，基部圆形或阔楔形，偏斜，中部以上边缘有浅锯齿，三出脉，上面无毛，下面沿脉及脉腋疏被毛。花杂性，生当年枝的叶腋；核果近球形，红褐色；核果单生或2个并生，近球形，熟时红褐色；果核有穴和突肋。花期3—4月；果期9—10月。

分布 产我国长江中下游及以南地区和台湾。越南和老挝也有分布。

习性 喜光，喜温暖、湿润气候，适应性强，耐干旱或贫瘠，抗风、抗大气污染。

栽培 播种繁殖。纯净种子可干藏，或是混沙层积至春季播种。

应用 树冠近椭圆状伞形，叶多而密，有较好的绿荫效果，为良好的庭园风景树和绿荫树。适合互通立交区、服务区绿化。

榔榆(小叶榆)

Ulmus parvifolia Jacq.

榆科 Ulmaceae，榆属 *Ulmus*

形态特征　落叶乔木，高达 25m，冬季叶变为黄色或红色；树冠广圆形，树干基部有时成板状根，树皮裂成不规则鳞状薄片剥落，露出红褐色内皮，近平滑。叶披针状卵形或窄椭圆形，先端尖或钝，基部偏斜，边缘从基部至先端有钝而整齐的单锯齿。花秋季开放，3~6 数在叶腋簇生或排成簇状聚伞花序。翅果椭圆形或卵状椭圆形。花期、果期 8—10 月。

分布　产河北、山东、江苏、安徽、浙江、福建、台湾、江西、广东、广西、湖南、湖北、贵州、四川、陕西、河南等地。日本、朝鲜也有分布。

习性　喜光，耐干旱，在酸性、中性及碱性土上均能生长，但以气候温暖，土壤肥沃、排水良好的中性土壤为最适宜的生境。萌芽力强，对有毒气体烟尘抗性较强。

栽培　播种或扦插繁殖。选取 1~2 年生枝条，插穗长为 7~8cm，先用生根粉浸泡

后扦插，可提高生根、发芽率。

应用 榔榆树皮斑驳雅致，小枝婉垂，枝叶细密，秋日叶色变红，是良好的观赏树及工厂绿化、四旁绿化树种，常孤植成景，适宜种植于池畔、亭榭附近，也可配于山石之间。可选作造林树种。可用于互通立交区、服务区绿化。

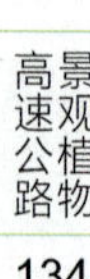

榆树

Ulmus pumila L.

榆科 Ulmaceae，榆属 *Ulmus*

形态特征　落叶乔木，高达25m；幼树树皮平滑，灰褐色，大树树皮暗灰色；小枝无毛或有毛。单叶互生，羽状叶脉，椭圆状卵形，长卵形；叶缘多为单锯齿。花先叶开放，多为簇生的聚伞花序，生于一年生枝条的叶腋。翅果近圆形，稀倒卵形。花期3月；果期4—5月。

分布　产东北、华北、西北及西南各省区。生于山坡、山谷、丘陵及沙岗等处。

习性　喜光，耐干旱，耐寒，耐瘠薄。生长快，根系发达，适应性强，能耐中度盐碱。

栽培　播种繁殖，分蘖、扦插也可。种子成熟后随采随播。园艺品种有垂枝榆（*Ulmus pumila* 'Tenue'），树干上部的主干不明显，分枝较多，树冠伞形；树皮灰白色，较光滑；1~3年生枝下垂而不卷曲或扭曲。

应用　防风固沙、保持水土能力强。可作西北荒漠、华北及淮北平原、丘陵及东北荒山、沙地及滨海盐碱地的造林或“四旁”绿化树种。可用于边坡、互通立交区、服务区绿化。

构树

Broussonetia papyrifera Vent.

桑科 Moraceae，构树属 *Broussonetia*

形态特征　落叶乔木，高可达20m，小枝密生柔毛。叶螺旋状排列，卵形或掌状分裂，叶缘锯齿形，长6~18cm，宽5~9cm，先端渐尖，基部心形，两侧常不相等。春季开花，雌雄异株，雄花葇荑花序，长穗状，绿色；雌花头状花序，紫红色。多花聚合果球形，熟时红色。花期4—5月；果期6—10月。

分布　我国大部分地区有分布。

习性　喜光，适应性强，耐干旱，耐瘠薄，也能生于水边，多生于石灰岩山地，也能在酸性土及中性土上生长。耐烟尘，抗大气污染力强。

栽培　播种或扦插繁殖。果熟期采摘收取的种子，在室内阴干后即可播种或沙藏。

应用　生长快，可作工矿区、荒坡绿化树种，可作为公路边坡植被恢复树种。

高山榕

Ficus altissima Bl.

桑科 Moraceae，榕属 *Ficus*

形态特征 大乔木，高 25~30m；树皮灰色，平滑。叶厚革质，广卵形至广卵状椭圆形，长 10~19cm，宽 8~11cm，先端钝，急尖，基部宽楔形，全缘，两面光滑，侧脉 5~7 对；叶柄长 2~5cm，粗壮；托叶厚革质，长 2~3cm，外面被灰色绢丝状毛。榕果成对腋生，椭圆状卵圆形，成熟时红色或带黄色，顶部脐状凸起。瘦果表面有瘤状凸体。花期 3—4 月；果期 5—7 月。

分布 产广东、海南、广西、云南、四川。尼泊尔、锡金、不丹、印度、缅甸、越南、泰国、马来西亚、印度尼西亚、菲律宾也有分布。

习性 喜光，稍耐阴，耐旱，耐瘠薄土壤。

栽培 播种或扦插繁殖。

应用 树冠广阔，果成熟时金黄色，是较好的城市绿化树种。适合用作园景树和遮阴树。可孤植、片植用于互通立交区、服务区绿化。

垂叶榕

Ficus benjamina L.

桑科 Moraceae，榕属 *Ficus*

形态特征 乔木或灌木，树冠广阔；树皮灰色，平滑；小枝下垂。叶薄革质，卵形至卵状椭圆形，长 4~8cm，宽 2~4cm，先端短渐尖，基部圆形或楔形，全缘。榕果成对或单生叶腋，基部缢缩成柄，球形或扁球形，光滑，成熟时红色至黄色。瘦果卵状肾形。花期、果期 8—11 月。

分布 产广东、海南、广西、云南、贵州。

习性 喜光，耐热，耐旱，耐湿，耐风，耐阴，抗污染，耐修剪，易移植。

栽培 播种或扦插繁殖。常见栽培的还有：花叶垂榕 Ficus benjamina 'Variegata'，叶面及叶缘具有乳白色或黄色斑块。

应用 树冠广阔，果成熟时金黄色，是较好的城市绿化树种。适合用作园景树、遮阴树以及绿墙。可用于碎落台、中央分隔带、互通立交区、服务区绿化。

榕树（细叶榕、小叶榕） *Ficus microcarpa* L.

桑科 Moraceae，榕属 *Ficus*

形态特征　大乔木，高达 15~25m，冠幅广展，树皮深灰色。叶薄革质，狭椭圆形，长 4~8cm，宽 3~4cm，先端钝尖，基部楔形，全缘。榕果成对腋生或生于已落叶枝叶腋，成熟时黄或微红色，扁球形。瘦果卵圆形。花期 5—6 月。

分布　产广东、广西、浙江（南部）、福建、台湾、湖北（武汉至十堰栽培）、贵州、云南。斯里兰卡、印度、缅甸、泰国、越南、马来西亚、菲律宾、日本、巴布亚新几内亚和澳大利亚北部、东部直至加罗林群岛也有分布。

习性　喜光，耐热，耐旱，耐湿，耐风，耐阴，抗污染，耐修剪，易移植。

栽培　播种或扦插繁殖。栽培品种有黄金榕（黄金叶）（*Ficus microcarpa* ‘Golden Leaves’），叶色金黄亮丽，常作绿篱，可用于边坡、碎落台、中央分隔带、互通立交区、服务区绿化。

应用　树冠广阔，是较好的城市绿化树种。适合用作园景树、遮阴树。可用于边坡、互通立交区、服务区绿化。

大叶榕(黄葛树)

Ficus virens var. *sublanceolata* (Miq.) Corner

形态特征 半落叶乔木，树冠广展。叶纸质；长椭圆形至卵状长椭圆形，长10~18cm；全缘。雌雄同株，榕果单生或成对腋生，或生于已落叶枝上，无梗。花期、果期4—7月。

分布 产广东、广西、湖北、四川、贵州、云南、陕西等地。斯里兰卡、印度、不丹、缅甸、泰国、越南、马来西亚、印度尼西亚、菲律宾、所罗门群岛和澳大利亚北部也有分布。

习性 生性强健，耐干旱，耐瘠薄，又能抵抗强风，抗大气污染，且移栽容易成活。

栽培 播种或扦插繁殖。

应用 树冠浓荫，适宜作风景树或行道树，亦为护岸、保堤、护壁的绿化树种。可用于互通立交区、服务区绿化。

桑 *Morus alba* L.

桑科 Moraceae，桑属 *Morus*

形态特征 灌木或乔木。叶卵形或广卵形，长 5~15cm，宽 5~12cm，先端急尖、渐尖或圆钝，基部圆形至浅心形，边缘锯齿粗钝。花单性，腋生或生于芽鳞腋内，与叶同时生出；雄花序下垂，长 2~3.5cm，密被白色柔毛；雌花序长 1~2cm，被毛。聚花果卵状椭圆形，长 1~2.5cm，成熟时红色或暗紫色。花期 4—5 月；果期 5—8 月。

分布 原产我国中部和北部，全国各地有栽培。朝鲜、日本、蒙古、中亚各国、俄罗斯、印度、越南以及欧洲等地亦均有栽培。

习性 喜光，耐寒，耐旱，耐水湿能力极强。喜温暖、湿润气候，对土壤的适应性强，耐瘠薄和轻碱性。根系发达，抗风力强。有较强的抗烟尘能力。

栽培 播种或扦插繁殖，但以扦插繁殖为主。

应用 桑树树冠宽阔，树叶茂密，秋季叶色变黄，颇为美观，且能抗烟尘及有毒气体，适应性强，为良好的绿化及经济树种，适于城市、工矿区及农村四旁绿化。可用于互通立交区、服务区绿化。

枸骨（枸骨冬青）

Ilex cornuta Lindl. et Paxt.

冬青科 Aquifoliaceae，冬青属 *Ilex*

形态特征 常绿灌木或小乔木，高 1~3m。叶片厚革质，二型，四角状长圆形或卵形，长 4~9cm，宽 2~4cm，先端具 3 枚尖硬刺齿，中央刺齿常反曲，基部圆形或近截形，两侧各具 1~2 刺齿。花序簇生于 2 年生枝的叶腋内；花淡黄色，4 基数。果球形，成熟时鲜红色。花期 4—5 月；果期 10—12 月。

分布 产江苏、上海、安徽、浙江、江西、湖北、湖南等地。

习性 喜光，耐干旱，较耐寒，喜肥沃的酸性土壤，不耐盐碱。

栽培 播种或扦插繁殖。

应用 树形美丽，果实秋冬红色，挂于枝头，供庭园观赏。可用于碎落台、互通立交区、服务区绿化。

铁冬青

Ilex rotunda Thunb.

冬青科 Aquifoliaceae，冬青属 *Ilex*

形态特征 常绿中乔木，树皮淡绿灰色而平滑；茎枝灰绿色，圆柱形，有棱。单叶互生，叶仅见于当年生枝上；叶片薄革质或纸质，卵形、倒卵形或椭圆形，长4~9cm，宽1.8~4cm，先端短渐尖，基部楔形或钝。聚伞花序或伞形状花序具4~6~13花。果为浆果状核果，熟时红色。花期5~6月；果期10~11月。

分布 产广东、广西、江西、福建、台湾、江苏、安徽、湖北、贵州等地。生于山坡长绿阔叶林中和林缘。

习性 喜光，喜湿润、肥沃、排水良好的酸性土壤。

栽培 播种繁殖。

应用 树形简洁、优雅，树叶厚而密，果实由黄色转红色，秋后红果累累，适作园景树、行道树或观果植物。可用于互通立交区、服务区绿化。

扶芳藤

Euonymus fortunei (Turcz.) Hand.~Mazz.

卫矛科 Celastraceae，卫矛属 *Euonymus*

形态特征 常绿藤本灌木，高一至数米。叶薄革质，椭圆形、长方椭圆形或长倒卵形，宽窄变异较大，可窄至近披针形，长 3.5~8cm，宽 1.5~4cm，先端钝或急尖，基部楔形。聚伞花序 3~4 次分枝；花白绿色。蒴果粉红色，近球状；种子长椭圆状，棕褐色，假种皮鲜红色，全包种子。花期 6 月；果期 10 月。

分布 产我国黄河流域以南地区。日本和朝鲜也有分布。

习性 喜光且耐阴，较耐寒，对土壤要求不严，耐瘠薄、干旱，以温暖、湿润环境为佳。

栽培 播种、压条或扦插繁殖。播种，即采即播或沙藏后春播；扦插繁殖，因其萌芽力强，一般 6—7 月间扦插极易成活。

应用 扶芳藤叶色油绿生动，秋季变红，异常美丽，而且攀缘力强，所以常用于立体绿化。可用于服务区垂直绿化。

冬青卫矛(大叶黄杨) *Euonymus japonicus* Thunb.

卫矛科 Celastraceae,卫矛属 *Euonymus*

形态特征 常绿灌木或小乔木,高达 3m,小枝近四棱形。叶片革质,表面有光泽,倒卵形或狭椭圆形,长 3~6cm,宽 2~3cm,顶端尖或钝,基部楔形,边缘有细锯齿;叶柄长 6~12mm。花绿白色,4 数,5~12 朵排列成密集的聚伞花序,腋生。蒴果近球形,有 4 浅沟,直径约 1cm;种子棕色,假种皮橘红色。花期 6—7 月;果期 9—10 月。

分布 原产日本。我国南北均有栽培。

习性 喜光,较耐寒,耐干旱,耐瘠薄。适应性强,酸性土、中性土或微碱性土均能适应。萌生性强,极耐修剪整形。

栽培 以扦插繁殖为主。硬枝插在春、秋两季进行,软枝插在夏季进行。

应用 极耐修剪整形,为优良的绿篱树种。此外,因其对二氧化硫有较强的抗性,是优良的环境保护植物。可用于碎落台、互通立交区、服务区绿化。

白杜（丝棉木）

Euonymus maackii Rupr.

卫矛科 Celastraceae，卫矛属 *Euonymus*

形态特征 小乔木，高达6m。叶卵状椭圆形、卵圆形或窄椭圆形，长4~8cm，宽2~5cm，先端长渐尖，基部阔楔形或近圆形，边缘具细锯齿。聚伞花序3至多花，长1~2cm；花淡白绿色或黄绿色。蒴果倒圆心状，成熟后果皮粉红色。花期5—6月；果期9—10月。

分布 北起黑龙江包括华北、内蒙古各地，南到长江南岸各省区，西至甘肃及长江以北地区均有分布。

习性 喜光，耐干旱，耐寒，适应性强。

栽培 播种繁殖。翌年将种子用30℃左右的温水浸泡24h，混湿沙播种。

应用 树冠卵形或卵圆形，枝叶秀丽，入秋后果实粉红色，在树上悬挂长达 2 个月之久，是园林绿地的优美观赏树种。孤植、列植皆有风韵。抗性较强，抗二氧化硫和氯气等有害气体。宜植于林缘、草坪路旁、湖边及溪畔，也可用作防护林或厂区绿化。可用于互通立交区、服务区绿化。

酸枣

Ziziphus jujuba var. *spinosa* (Bunge) Hu ex H. F. Chow.

鼠李科 Rhamnaceae，枣属 *Ziziphus*

形态特征 灌木或小乔木，高 1~3m。叶较小。核果小，近球形或短矩圆形，直径 0.7~1.2cm，具薄的中果皮，味酸，核两端钝。花期 6—7 月；果期 8—9 月。

分布 我国北方多有分布。常生于向阳、干燥山坡、丘陵、岗地或平原。

习性 喜光，喜温暖、干燥气候，耐旱，耐寒，耐碱，耐贫瘠土壤。

栽培 种子繁殖或分株繁殖。种子须进行沙藏处理，在解冻后进行。秋播在 10 月中旬或下旬进行，覆 2~3cm 厚，播后淋水保湿。

应用 酸枣适应强，抗风，耐瘠薄，根系发达，对于固持土壤、防止坡面侵蚀，都有显著作用，为水土流失严重的干旱丘陵地造林的先锋树种，也是良好的荒山植被恢复先锋树种。可用于公路边坡生态恢复。

北枳椇(拐枣)

Hovenia dulcis Thunberg

鼠李科 Rhamnaceae，枳椇属 *Hovenia*

形态特征 乔木，高达10余m。叶纸质，卵圆形、宽矩圆形或椭圆状卵形，长7~17cm，宽4~11cm，顶端渐尖，基部截形，边缘有不整齐的锯齿或粗锯齿，基部3出脉。花黄绿色，排成不对称的顶生；花瓣倒卵状匙形。浆果状核果近球形，成熟时黑色；花序轴结果时稍膨大；种子深栗色或黑紫色。花期5—7月；果期8—10月。

分布 产河北、山东、山西、河南、陕西、甘肃、四川北部、湖北西部、安徽、江苏、江西。日本、朝鲜也有分布。

习性 喜光，喜生于肥沃、湿润的土壤。

栽培 播种繁殖。在10—11月果实成熟时收取种子，采后用湿沙层积法催芽，春季时播种。

应用 树形优美，枝叶浓密，以作行道树和遮阴树。可用于互通立交区、服务区绿化。

枳椇(拐枣)

Hovenia acerba Lindl

鼠李科 Rhamnaceae，枳椇属 *Hovenia*

形态特征 高大乔木，高 10~25m。叶互生，厚纸质至纸质，宽卵形、椭圆状卵形或心形，长 8~17cm，宽 6~12cm，顶端渐尖，基部截形或心形，边缘常具整齐浅而钝的细锯齿。二歧式聚伞圆锥花序，顶生和腋生；花两性，花瓣椭圆状匙形。浆果状核果近球形，成熟时黄褐色或棕褐色；果序轴明显膨大。花期 5—7 月；果期 8—10 月。

分布 产广东、广西、湖南、湖北、江西、福建、安徽、浙江、江苏、甘肃、陕西、河南、四川、云南、贵州。

习性 喜光，喜生于肥沃、湿润的土壤。

栽培 播种繁殖。在 9—10 月果实成熟时收取种子，采后用湿沙层积法催芽，春季时播种。

应用 树形优美，枝叶浓密，以作行道树和遮阴树。可用于互通立交区、服务区绿化。

沙枣

Elaeagnus angustifolia L.

胡颓子科 Elaeagnaceae，胡颓子属 *Elaeagnus*

形态特征　落叶乔木，高达 15m，常呈小乔木或灌木状；树干多弯曲，具枝刺；幼枝密被银白色鳞片。叶长圆状披针形或条状披针形，上面幼时具银白色鳞片，下面密被白色鳞片。花银白色，直立，单生，或 2~3 朵簇生。果椭圆形，黄色或粉红色，密被银色鳞片。花期 5—6 月；果期 9—10 月。

分布　产东北、华北和西北各地。

习性　喜光，根系浅，在干旱沙区地下水位过低的地方，生长不良。耐盐碱。速生，萌芽性强。

栽培　播种、扦插或根蘖繁殖。枝干沙埋后能生不定根。春季播种时用热水浸种，也可秋播。在土壤湿润的地方可直播造林。

应用　叶形似柳，花香如桂，夏初之时，枝条上密生白色小花，香飘醉人。耐修剪，可作绿篱。可用于边坡、碎落台、互通立交区、服务区绿化。

牛奶子

Elaeagnus umbellata Thunb.

胡颓子科 Elaeagnaceae，胡颓子属 *Elaeagnus*

形态特征 落叶灌木，高 1~4m，具长 1~4cm 的刺。叶纸质或膜质，椭圆形至卵状椭圆形或倒卵状披针形，长 3~8cm，宽 1~3.2cm，顶端钝形或渐尖，基部圆形至楔形，边缘全缘或皱卷至波状；叶柄白色，长 5~7mm。花较叶先开放，黄白色，芳香，密被银白色盾形鳞片。果实近球形或卵圆形，成熟时红色。花期 4—5 月；果期 7—8 月。

分布 产华北、华东、西南各省区和陕西、甘肃、青海、宁夏、辽宁、湖北。生于向阳的林缘、灌丛中，荒坡上和沟边。

习性 喜光，耐旱，耐寒，耐瘠薄。

栽培 播种、扦插或根蘖繁殖。枝干沙埋后能生不定根。春季播种时用热水浸种，也可秋播。

应用 其根系发达，是水土保持和防沙造林的良好树种。可用于边坡、碎落台、互通立交区、服务区绿化。

异叶地锦(异叶爬墙虎) *Parthenocissus dalzielii* (Bl.) Merr.

葡萄科 Vitaceae，地锦属 *Parthenocissus*

形态特征 藤本植物。多分枝，有卷须和气生根，卷须顶端有吸盘。叶掌状三裂，先端有粗锯齿。在幼苗及嫩枝上叶有3小叶形成的复叶，或成广卵状单叶。叶子到秋季逐渐变黄、变红色。聚伞房花序，花淡黄色。果实球形，熟果蓝黑色。花期6—8月；果期9—11月。

分布 产广东、江西、浙江、福建、台湾、湖北、河南、四川、贵州、重庆。生于山岩陡壁及山坡、山谷林中。

习性 耐寒，耐旱，耐贫瘠，喜阴湿，对环境适应性极强。对土壤要求不严，在碱性、酸性土中均能生长，以阴湿、肥沃的土壤中生长最佳。生长快，攀附能力极强。

栽培 播种、扦插或压条繁殖。

播种，采收的种子晒干后可放在湿沙中低温储藏，保温、保湿有利于催芽，次年3月上中旬即可露地播种，覆盖薄膜，5月上旬即可出苗，培养1~2年即可出圃。扦插，早春剪取茎蔓20~30cm，插入露地苗床，灌水，保持湿润，很快便可抽蔓成活；也可在夏、秋季用嫩枝带叶扦插，遮阴浇水养护，能很快抽生新枝，扦插成活率较高。

应用 用于墙壁、假山、围墙等垂直绿化，或利用模具塑形造景，能够收到良好的绿化、美化效果。常用于脚墙垂直绿化。

五叶地锦（美国地锦、美国爬墙虎） *Parthenocissus quinquefolia* (L.) Planch

葡萄科 Vitaceae，地锦属 *Parthenocissus*

形态特征 木质藤本，小枝圆柱形，无毛。卷须总状 5~9 分枝，相隔 2 节间断与叶对生，卷须顶端嫩时尖细、卷曲，后遇附着物扩大成吸盘。叶为掌状 5 小叶，小叶倒卵圆形、倒卵椭圆形或外侧小叶椭圆形，长 5.5~15cm，宽 3~9cm，最宽处在上部或外侧小叶最宽处在近中部，顶端短尾尖，基部楔形或阔楔形，边缘有粗锯齿，侧脉 5~7 对。圆锥状多歧聚伞花序。果实球形，有种子 1~4 颗；种子倒卵形。花期 6—7 月；果期 8—10 月。

分布 东北、华北各地栽培。原产北美洲。

习性 耐寒，耐旱，耐贫瘠，喜阴湿，对环境适应性极强。

栽培 播种、扦插或压条繁殖。播种，采收的种子晒干后可放在湿沙中低温储藏，保温、保湿有利于催芽，次年 3 月上中旬即可露地播种，覆盖薄膜，5 月上旬即可出苗，培养 1~2 年即可出圃。扦插，早春剪取茎蔓 20~30cm，插入露地苗床，灌水，保持湿润，很快便可抽蔓成活，也可在夏、秋季用嫩枝带叶扦插，遮阴浇水养护，能很快抽生新枝，

扦插成活率较高。硬枝扦插于 3—4 月进行，将硬枝剪成 10~15cm 后插入土中，淋透水，保持湿润；嫩枝扦插取当年生新枝，在夏季进行。

应用 新叶嫩绿，入秋后则变为橙黄或砖红色，为优美的垂直绿化材料。可用于路堤边坡、岩石边坡、挡墙、隧道洞门垂直绿化。

地锦(爬墙虎)

Parthenocissus tricuspidata (Sieb. et Zucc.) Planch.

葡萄科 Vitaceae，地锦属 *Parthenocissus*

形态特征 木质藤本，小枝圆柱形。卷须5~9分枝，相隔2节间断与叶对生；卷须顶端嫩时膨大呈圆珠形，后遇附着物扩大成吸盘。叶为单叶，通常着生在短枝上，为3浅裂，时有着生在长枝上者小型不裂，叶片通常倒卵圆形，长4.5~17cm，宽4~16cm，顶端裂片急尖，基部心形，边缘有粗锯齿；基出脉5，中央脉有侧脉3~5对，网脉上面不明显，下面微突出；叶柄长4~12cm。花序着生在短枝上，基部分枝，形成多歧聚伞花序；花瓣5，长椭圆形。果实球形，直径1~1.5cm，有种子1~3颗；种子倒卵圆形，顶端圆形，基部急尖成短喙。花期5—8月；果期9—10月。

分布 产安徽、江苏、浙江、福建、台湾、河南、山东、河北、辽宁、吉林。朝鲜、日本也有分布。

习性 耐寒，耐旱，耐贫瘠，喜阴湿，对环境适应性极强。

栽培 扦插、压条或播种繁殖。扦插，从落叶后至萌芽前均可进行；播种，10月采种，可冬播，或翌年春播；移植或定植，在落叶期进行。

应用 新叶嫩绿，入秋后则变为橙黄或砖红色，为优美的垂直绿化材料。可用于路堤边坡、脚墙、挡墙、岩石边坡、隧道洞门垂直绿化。

楝叶吴茱萸

Tetradium glabrifolium (Champ. ex Benth.) Hartley
[*Evodia glabrifolia* (Hance) Benth.]

芸香科 Rutaceae，吴茱萸属 *Tetradium*

形态特征 树高达20m，胸径80cm。叶有小叶7~11枚，小叶斜卵状披针形，长6~10cm，宽2.5~4cm，两则明显不对称。花序顶生，很多；萼片及花瓣均5枚；花瓣白色。分果瓣淡紫红色，有成熟种子1颗；种子褐黑色。花期7—9月；果期10—12月。

分布 产广东、广西、江西、湖南、云南、福建、台湾等地。

习性 喜光，耐旱，不耐水湿。喜凉爽、湿润气候，喜土层深厚、排水良好的微酸性土壤。

栽培 播种繁殖。

应用 叶背紫红色，秋冬季叶色由绿变黄再转为红色，季相变化明显。可单植或群植栽于庭院或绿地，或栽作行道树。可用于互通立交区、服务区绿化。

簕榄花椒

Zanthoxylum avicennae (Lam.) DC.

芸香科 Rutaceae，花椒属 *Zanthoxylum*

形态特征 常绿灌木至小乔木，树干具鸡爪状刺。单数羽状复叶，列生，小叶 11~21 枚，斜卵形，斜长方形或呈镰刀状，长 2.5~7cm，宽 1~3cm，全缘，或中部以上疏裂齿，鲜叶的油点肉眼可见。伞房花序顶生，花多；萼片绿色，花瓣黄白色。果紫红色，有粗大腺点。花期 6—8 月；果期 10 至翌年 2 月。

分布 产广东、海南、广西、福建、台湾、云南等地。菲律宾、越南北部也有分布。

习性 喜光，耐旱，耐瘠薄，抗性强，生长快。

栽培 播种繁殖。种子采收后，即采即播，或混湿沙储藏，翌年春季播种。

应用 常用作绿篱。可用于公路边坡、碎落台植被恢复或作绿篱栽植。

臭椿

Ailanthus altissima (Mill.)Swingle

苦木科 Simaroubaceae，臭椿属 *Ailanthus*

形态特征　落叶乔木，高可达 20m，树皮平滑而有直纹；嫩枝被黄色或黄褐色柔毛，后脱落。叶为奇数羽状复叶，长 40~60cm，叶柄长 7~13cm，有小叶 13~27 枚；小叶对生或近对生，纸质，卵状披针形，长 7~13cm，宽 2.5~4cm，先端长渐尖，基部偏斜，截形或稍圆，两侧各具 1 或 2 个粗锯齿，齿背有腺体 1 个。圆锥花序长 10~30cm；花淡绿色；花瓣 5 枚。翅果长椭圆形；种子扁圆形。花期 4—5 月；果期 8—10 月。

分布　我国各地均有分布。世界各地广为栽培。

习性　喜光，耐寒，耐干旱、瘠薄土壤和中性盐碱土，喜生于钙质土壤上，适应性强，深根性，生长迅速，萌蘖性强。对烟尘与二氧化硫的抗性较强。

栽培　播种或分蘖或根蘖繁殖。播种前种子浸泡水中 24h，播后 10~15 天便可出芽。

应用　枝繁叶茂，树姿雄伟，春季嫩叶紫红，是优良遮阴树、行道树及工矿绿化树。可用于边坡、互通立交区、服务区绿化。

苦楝

Melia azedarach L.

楝科 Meliaceae，楝属 *Melia*

形态特征 落叶乔木，高达 10m，树皮灰褐色，浅纵裂。枝条开展，树冠近平顶状。枝条粗壮，幼枝有星状毛；小枝绿色，密生白色皮孔，小枝有叶痕。2~3 回奇数羽状复叶互生；小叶对生，卵形或椭圆形，基部楔形或圆形，边缘具粗盾齿或深浅不一的齿裂。腋生圆锥花序，花浅紫色，萼钟形 5 裂，花瓣 5 枚。核果球形，熟时淡黄色。花期 4—5 月；果期 10—11 月。

分布 我国黄河以南各地常见栽培。广布亚洲热带和亚热带地区。

习性 喜光，耐旱，耐寒，耐风，对二氧化硫抗性强，生长快，萌芽性强。

栽培 播种、分根、萌芽繁殖。

应用 树冠张开，叶姿优美，果实玲珑可爱，生长快速，为分布区习见行道树和绿荫树。可用于公路互通立交区、服务区绿化。

七叶树

Aesculus turbinata Blume
[*Aesculus chinensis* Bunge]

七叶树科 Hippocastanaceae，七叶树属 *Aesculus*

形态特征　落叶乔木，高达 25m，树皮深褐色或灰褐色，长方状剥落。小枝无毛。掌状复叶对生，由 5~7 小叶组成，叶柄长 10~12cm；小叶纸质，长圆披针形至长圆倒披针形，基部楔形或阔楔形，边缘有钝尖形的细锯齿，长 8~16cm，宽 3~5cm，侧脉 13~17 对。顶生圆锥花序，连同长 5~10cm 的总花梗在内共长 21~25cm，小花序由 5~10 朵花组成；花瓣 4 枚，白色。蒴果扁球形，黄褐色，无刺，具很密的斑点；种子扁球形，直径 2~3cm，栗褐色。花期 4—5 月；果期 10 月。

分布　河北南部、山西南部、河南北部、陕西南部均有栽培，仅秦岭有野生七叶树。

习性　喜光、喜温暖、湿润气候，不耐严寒，深根系，萌力不强。

栽培　播种、嫁接、压条繁殖。9 月下旬采集种子，宜随采随播种育苗。

应用　叶大荫浓，树冠开阔，花美，宜作行道树和庭园树。可用于互通立交区和服务区绿化。

车桑子（坡柳）

Dodonacea viscosa (L.) Jacq.

无患子科 Sapindaceae，车桑子属 *Dodonaea*

形态特征　灌木或小乔木，高 1~3m 或更高。单叶，纸质，线形、线状匙形、线状披针形、倒披针形或长圆形，长 5~12cm，宽 0.5~4cm，顶端短尖、钝或圆，全缘或不明显的浅波状；侧脉多而密，纤细；叶柄短或近无柄。花序顶生或在小枝上部腋生，密花，主轴和分枝均有棱角；萼片 4 枚，披针形或长椭圆形。蒴果倒心形或扁球形，2 或 3 翅；种子每室 1 或 2 颗，透镜状，黑色。花期秋末；果期冬末春初。

分布　产我国西南部、南部至东南部。分布于全世界的热带和亚热带地区。

习性　喜阳光充足，喜温暖，耐干旱和瘠薄，萌生力强，根系发达，又有丛生习性，是一种良好的固沙保土树种。生于干旱山坡、旷地或海边的沙土上。

栽培　播种繁殖。采集的种子放置于通风阴凉的地方储藏，春夏秋季均可播种，保持土壤湿润，容易发芽。

应用　宜群植于庭园，或作绿篱。常用作公路边坡植被恢复树种。

复羽叶栾树

Koelreuteria bipinnata Franch.

无患子科 Sapindaceae，栾树属 *Koelreuteria*

形态特征 乔木，树皮暗灰色；小枝灰色，有短柔毛并有皮孔密生。2 回羽状复叶，对生，厚纸质；小叶 9~15 枚，长椭圆状卵形，先端短渐尖，基部圆形，边缘有不整齐的锯齿，下面主脉上有灰色绒毛。圆锥花序顶生，花黄色。蒴果卵形；种子圆形，黑色。花期 7—9 月；果期 8—10 月。

分布 产广东、广西、四川、贵州、云南。

习性 喜光，喜温暖、湿润气候，深根性，适应性强。耐旱、抗风，抗大气污染，生长快。

栽培 播种繁殖。宜采集种子后即播，或沙藏翌年春播。

应用 树形高大，秋季果实紫红色至褐色，颇为美艳，适合作园景树、行道树。可用于分离式中央分隔带、互通立交区和服务区绿化。

栾树

Koelreuteria paniculata Laxm.

无患子科 Sapindaceae，栾树属 *Koelreuteria*

形态特征 落叶乔木或灌木，树皮、小枝暗棕色，密生皮孔。叶丛生于当年生枝上，羽状复叶；小叶 11~18 枚，对生或互生，纸质，卵形、阔卵形至卵状披针形。聚伞圆锥花序，花淡黄色，稍芬芳。蒴果圆锥形，具 3 棱，粉红至白色。花期 6—7 月；果期 9—10 月。

分布 我国大部分地区。世界各地有栽培。

习性 喜光，稍耐阴，耐寒，耐旱，耐瘠薄。喜生于石灰质土壤，也耐盐碱及短期水涝。深根性，萌蘖力强。对二氧化硫及烟尘，有较强抗性。

栽培 播种繁殖。宜采集种子后即播，或沙藏翌年春播。

应用 树冠整齐，枝叶茂密，春叶嫩红，秋叶鲜黄，夏花金黄，秋果橘红似灯笼。果色嫣红盈树，是理想的庭院观叶、观果和绿化树种，适于厂矿绿化。可应用于边坡、碎落台、互通立交区和服务区绿化。

无患子

Sapindus saponaria L.
[*Sapindus mukorossi* Gaertn]

无患子科 Sapindaceae，无患子属 *Sapindus*

形态特征　乔木，树皮灰白色，平滑不裂，小枝密生皮孔。偶数羽状复叶；小叶8~12枚，卵状披针形至长椭圆形，长6~13cm，宽2~4cm，基部宽楔形，两侧不等齐，全缘。圆锥花序顶生，花小，开放时直径3~4mm；萼片5枚，花瓣5枚。核果球形，熟时淡黄色；种子球形，黑色。花期6—7月；果期9—10月。

分布　产长江以南各地。中南半岛各国、印度和日本也有分布。

习性　喜光，喜温暖、湿润气候，耐旱、耐寒能力较强，抗风。对二氧化硫抗性较强。

栽培　播种繁殖。秋季果熟时采收，及时去皮净种。因种壳坚硬，既可当年秋播，也可用湿沙层积埋藏越冬春播。

应用　树冠呈圆伞形，枝叶广展，绿荫效果良好，冬季落叶前，叶色变为金黄，富有季相变化。宜植于庭院及宅旁作风景树及绿荫树，也可作行道树，是绿化的优良观叶、观果树种。可应用于边坡、碎落台、互通立交区和服务区绿化。

鸡爪槭

Acer palmatum Thunb.

槭树科 Aceraceae，槭属 *Acer*

[红枫]

形态特征 落叶小乔木，树皮平滑，小枝红棕色，幼枝青绿色，细弱。叶掌状 5~7 深裂，横径 5~10cm，基部截形或稍心形，裂片卵状长圆形或披针形，顶端锐尖或尾尖，边缘有不整齐的重锯齿，嫩叶两面密生柔毛，老叶表面无毛，背面在基部脉腋有簇毛。伞房花序顶生，发叶以后开花；花紫红色。翅果初为紫红色，成熟后棕黄色，两翅开展成钝角。花期 5 月；果熟期 9—10 月。

分布 产山东、河南、江苏、浙江、安徽、江西、湖北、湖南、贵州等地。日本、朝鲜半岛也有分布。

习性 耐半阴，耐旱，耐寒、耐瘠薄。

栽培 播种和嫁接法繁殖。播种，秋播或层积至翌年春播。嫁接繁殖，多用于优良园艺品种的繁殖，有靠接、枝接及芽接等。

常见的园艺品种有红枫（*Acer palmatum* ‘atropurpureum’），叶 5~7 裂，常年红色或紫红色，枝条也常紫红色。

应用 叶形美观，入秋后转为鲜红色，色艳如花，灿烂如霞，为优良的观叶树种。可植于溪边、池畔、路隅、墙垣之旁或丛植于草坪中。可用于碎落台、互通立交区、服务区绿化。

元宝槭

Acer truncatum Bunge

槭树科 Aceraceae，槭属 *Acer*

形态特征 落叶乔木，高 8~10m；树皮灰褐色或深褐色，深纵裂。叶纸质，长 5~10cm，宽 8~12cm，常 5 裂，稀 7 裂，基部截形稀近于心脏形；裂片三角卵形或披针形，先端锐尖或尾状锐尖，边缘全缘；裂片间的凹缺锐尖或钝尖；叶柄长 3~5cm。花黄绿色，组成伞房花序，长 5cm，直径 8cm；花瓣 5 枚，淡黄色或淡白色，长圆倒卵形。翅果嫩时淡绿色，成熟时淡黄色或淡褐色；小坚果压扁状；翅长圆形，两侧平行。花期 4 月；果期 6—8 月。

分布 产江苏、山东、河南、河北、山西、内蒙古、辽宁、吉林、陕西及甘肃等地。

习性 喜光，耐寒，耐旱，耐瘠薄土壤。在酸性、中性、石灰岩上均能生长。

栽培 播种繁殖。播种前使用温水浸种，有利于种子发芽。

应用 树冠伞形，姿态优美，入秋后叶变黄，宜作遮阴树、行道树和风景树。可用于互通立交区、服务区绿化。

黄连木

Pistacia chinensis Bunge

漆树科 Anacardiaceae，黄连木属 *Pistacia*

形态特征 落叶乔木，高达 20m；树干扭曲，树皮暗褐色，呈鳞片状剥落；幼枝灰棕色，具细小皮孔。奇数羽状复叶互生，有小叶 5~6 对，叶轴具条纹，被微柔毛；小叶对生或近对生，纸质，披针形或卵状披针形或线状披针形，长 5~10cm，宽 1.5~2.5cm，先端渐尖或长渐尖，基部偏斜，全缘。花单性异株，先花后叶，圆锥花序腋生。核果倒卵状球形，成熟时紫红色。花期 3—4 月；果期 9—11 月。

分布 产长江以南及华北、西北各地。

习性 喜光，耐干旱、瘠薄土壤，对二氧化硫和烟尘抗性强。

栽培 播种繁殖。将采收果实放入 35~45℃的草木灰温水中浸泡 2~3 天，搓烂果肉，除去蜡质，用清水冲洗种子，阴干后储藏。也可随采随播。

应用 枝繁叶茂，紫花序紫红，秋叶变鲜红或橙黄，宜作园景树观赏。可用于互通立交区、服务区绿化。

盐肤木

Rhus chinensis Mill.

漆树科 Anacardiaceae，盐肤木属 *Rhus*

形态特征 落叶小乔木或灌木，高 2~10m。奇数羽状复叶有小叶 3~6 对，叶轴具宽的叶状翅，小叶自下而上逐渐增大，叶轴和叶柄密被锈色柔毛；小叶多形，卵形或椭圆状卵形或长圆形，长 6~12cm，宽 3~7cm，先端急尖，基部圆形，顶生小叶基部楔形，边缘具粗锯齿或圆齿；叶背被白粉。圆锥花序多分枝，雄花序长 30~40cm，雌花序较短，密被锈色柔毛。核果球形，成熟时红色。花期 8—9 月；果期 10 月。

分布 我国除东北、内蒙古和新疆外，其余省区均有分布。生于向阳山坡、沟谷、溪边的疏林或灌丛中。

习性 喜光，喜温暖气候，耐旱，耐寒，耐瘠薄，深根系，萌蘖性强。

栽培 播种繁殖。播种前先用温水浸泡 24h，再播种，有利于发芽。

应用 嫩叶红色，可作为观叶树种。根系发达，为优良的固土护坡植物。常用于公路边坡植被恢复。

火炬树

Rhus typhina L.

漆树科 Anacardiaceae，盐肤木属 *Rhus*

形态特征　落叶灌木或小乔木，高可达 12m；柄下芽；小枝密生灰色茸毛。奇数羽状复叶，小叶 19~23 枚，长椭圆状至披针形，长 5~13cm，缘有锯齿，先端长渐尖，基部圆形或宽楔形，上面深绿色，下面苍白色，两面有茸毛，老时脱落，叶轴无翅。圆锥花序顶生，密生茸毛，花淡绿色，雌花花柱有红色刺毛。核果扁球形，深红色，密生绒毛，紧密聚生成火炬状。

分布　我国黄河流域以北各地栽培。原产欧洲、美国。

习性　喜光，耐旱，耐寒，耐瘠薄土壤，也耐盐碱。根系发达，萌蘖性强。

栽培　播种、根插或分株繁殖。播种，果实 9 月份成熟后采收。播前用碱水揉搓，去其种皮外红色绒毛和种皮上的蜡质。然后用 80℃热水浸烫 5 分钟，滤出种子与湿沙混合埋藏，置于 20℃室内催芽，视水分蒸发状况适量洒水。20 天露芽时即可播种，播种量为 $14g/m^2$，覆盖细土，保持土壤湿润。出苗率高，当年苗高 80cm。根插，挖取

约 1cm 粗的侧根，剪成合适长度的根段，将其按根的极性，埋入土中，保持湿润，容易发芽，当年苗高约 1m。分株繁植，在有根蘖苗生长的火炬树周围，挖取根蘖苗进行栽植。

应用 秋后树叶变红，十分壮观，是良好的护坡、固堤、固沙的水土保持和薪炭林树种。主要用于荒山绿化兼作盐碱荒地风景林树种。可用于边坡、碎落台、互通立交区栽植。虽然火炬树具有独特的优良特性，但应用时，需观察其潜在危害。

胡桃（核桃）

Juglans regia L.

胡桃科 Juglandaceae，胡桃属 *Juglans*

形态特征 乔木，高达20m；树冠广阔；树皮纵向浅裂。奇数羽状复叶长25~30cm，叶柄及叶轴幼时被有极短腺毛及腺体；小叶通常5~9枚，椭圆状卵形至长椭圆形，长6~15cm，宽3~6cm，顶端钝圆或急尖、短渐尖，基部歪斜、近于圆形。雄性柔荑花序下垂，长约5~10cm；雌性穗状花序通常具1~3雌花。果实近于球状；果核稍具皱曲，有2条纵棱，顶端具短尖头。花期5月；果期10月。

分布 产华北、西北、西南、华中、华南和华东等地。中亚、西亚、南亚和欧洲也有分布。

习性 喜光，耐寒，抗旱、抗病能力强，适应多种土壤生长。我国平原及丘陵地区常见栽培。

栽培 播种或嫁接繁殖。

应用 广泛栽植作庭园树。可应用于互通立交区或服务区绿化。

枫杨

Pterocarya stenoptera C. DC.

胡桃科 Juglandaceae，枫杨属 *Pterocarya*

形态特征 乔木，高达30m；树皮灰褐色，纵裂。奇数羽状复叶互生，顶端小叶常不发达而成偶数羽状复叶，小叶10~16枚，长圆形，叶缘具锯齿，复叶轴具窄翅。雄性葇荑花序单生，长6~10cm；雌性葇荑花序顶生，长10~15cm。坚果具2翅，状如元宝；果序下垂，果序长20~45cm。花期4—5月；果熟期8—9月。

分布 产广东、广西、江西、安徽、江苏、浙江、福建、台湾、湖南、湖北、山东、河南、陕西、贵州、四川、云南，华北和东北仅有栽培。

习性 生于海拔1500m以下的沿溪涧河滩、阴湿山坡地的林中。

栽培 播种繁殖。种子采收后可当年播种，也可去翅晒干后袋藏或拌沙储藏，至翌年春季播种。

应用 广泛栽植作庭园树或行道树。可用于互通立交区或服务区绿化。

杜鹃花（映山红） *Rhododendron simsii* Planch.

杜鹃花科 Ericaceae，杜鹃属 *Rhododendron*

形态特征 半常绿灌木，高达 4~5m，多分支，小枝、叶柄、花梗、花萼、子房和蒴果均密被平贴、红褐色或灰褐色绢质糙伏毛。叶薄革质，春发叶椭圆形至长椭圆形，很少倒披针形，顶端尖，基部楔形，两面被毛。伞形花序顶生，有花 2~6 朵，花冠阔漏斗形，猩红色，裂片 5。蒴果卵圆形。花期 2—4 月；果期 7—9 月。

分布 广东、广西、江西、安徽、浙江、江苏、福建、台湾、湖南、湖北、四川、贵州和云南。

习性 喜温暖、湿润的气候，较耐寒，喜半阴的环境。

栽培 扦插繁殖为主。扦插基质由腐殖土、红壤土、蛭石等混合组成，扦插深度以穗长的 1/3~1/2 为宜，扦插完成后要喷透水，加盖薄膜保湿，遮阴。

应用 为优良的观花灌木。可应用于碎落台、互通立交区或服务区绿化。

柿树

Diospyros kaki L. f.

柿科 Ebenaceae，柿属 *Diospyros*

形态特征 落叶乔木，高达10m，树皮鳞片状开裂。叶互生，卵状椭圆形、阔椭圆形或倒卵形，长7~15cm，宽4.5~8cm，先端渐尖或急尖，基部楔形、阔楔形或近圆形，侧脉5~7对。雄花通常3朵组成聚伞花序；花冠坛状。果卵球形或扁球形，熟时橙黄色或深橙红色。花期4—6月；果期7—11月。

分布 我国南北各地均有分布或栽培。日本、印度、欧洲等地也有引种。

习性 喜光，适应性广，对土壤要求不严，各种土壤均适宜栽植。

栽培 播种或嫁接繁殖。

应用 为著名的果树，有悠久的栽培历史，为优良的观果树，可栽于庭院作园景树、绿荫树。可应用于互通立交区或服务区绿化。

灰莉

Fagraea ceilanica Thunb.

马钱科 Loganiaceae，灰莉属 *Fagraea*

形态特征　灌木或小乔木，树皮灰色，小枝粗厚，圆柱形。叶椭圆形或倒卵形，顶端渐尖或急尖，基部楔形，革质，全缘。二歧聚伞花序顶生，侧生小聚伞花序由3~9朵花组成；花白色，稍后渐变为淡黄色花冠裂片上部内侧具突起花纹，花冠喇叭状。浆果卵形或近球形，直径2~4cm，顶端具短喙。花期5月；果期10月。

分布　产广东、海南、广西、台湾、云南。印度、马来西亚也有分布。

习性　喜光，耐阴，耐旱，耐寒，对土壤要求不严，适应性强。

栽培　播种或扦插繁殖。若扦插繁殖，于春季进行。

应用　花大，极芳香，分枝浓密且耐修剪，适宜作盆栽或绿篱，观赏效果较好。常用于碎落台、中央分隔带、互通立交区或服务区绿化。

流苏(流苏树)

Chionanthus retusus Lindl.et Paxt

木犀科 Oleaceae，流苏树属 *Chionanthus*

形态特征 落叶灌木或乔木，高可达 20m。叶革质或薄革质，长圆形、椭圆形或圆形，稀卵形，长 3~12cm，全缘或具小锯齿。圆锥状聚伞花序顶生，长 3~12cm，花长 1~2.5cm，雌雄异株或为两性花，花冠白色，4 深裂，裂片线状倒披针形。果椭圆形，被白粉，长 1~1.5cm，呈蓝黑色或黑色。花期 3—6 月；果期 6—11 月。

分布 产广东、福建、台湾、四川、云南、河南、河北、陕西、山西、甘肃。朝鲜、日本也有分布。

习性 喜光，耐寒，耐干旱，耐瘠薄。

栽培 播种、扦插或嫁接法繁殖。扦插，宜在夏季进行；嫁接，以白蜡或女贞为砧木；移植，于春、秋季进行。

应用 枝繁叶茂，花期如雪压树，且花形纤细，秀丽可爱，是优美的园林观赏树种，不论点缀、群植均具很好的观赏效果。可用于互通立交区、服务区绿化。

连翘

Forsythia suspensa (Thunb.)Vahl

木犀科 Oleaceae，连翘属 *Forsythia*

形态特征 落叶灌木，株高 2~3m。基部丛生，枝条拱形下垂，小枝褐色，稍有棱，有凸起的皮孔，节间中空。单叶或 3 小叶，对生，卵形或椭圆状卵形。花金黄色，先叶开放。蒴果卵球形。花期 3—4 月；果期 10 月。

分布 产山东、湖南、湖北、河南、陕西、山西、甘肃、河北。

习性 喜光，耐寒，耐旱，忌水涝。喜温暖干燥和光照充足的环境，在排水良好、富含腐殖质的沙壤土上生长良好。

栽培 可扦插、播种、分株繁殖。

应用 早春先叶开花，满枝金黄，艳丽可爱，是早春优良观花灌木。适宜于宅旁、亭阶、墙隅、篱下与路边配置，也宜于溪边、池畔、岩石、假山下栽种。因根系发达，可作花篱或护堤树栽植。可用于碎落台、互通立交区、服务区绿化。

白蜡

Fraxinus chinensis Roxb.

木犀科 Oleaceae，梣属 *Fraxinus*

形态特征　落叶乔木，高 10~12m；树干通直，树冠圆满；小枝丰富，细长，当年生幼枝浅绿色，皮孔长而多，白色，稍突起。每枚复叶有小叶 5 枚，无叶柄，叶狭椭圆形，长 5~7cm，宽 3~4cm，小叶基部全缘，叶尖有浅锯齿，叶面光滑，叶背脉处有白毛。花期 4—5 月；果期 7—9 月。

分布　南北各地，多为栽培，越南、朝鲜也有分布。

习性　喜光，喜温暖、湿润气候，较耐寒，耐盐碱，耐旱性较强，抗烟尘和有害气体较强。

栽培　常用播种和扦插繁殖。播种，一般于 10 月将成熟的翅果剪下，晒干去翅，干燥储藏到 3 月中旬至 4 月下旬播种；扦插，一般在春天发芽前，芽膨大时，剪取粗细均匀的枝条扦插。

应用　常用作行道树、庭院绿化树种。可用于碎落台、互通立交区、服务区绿化。

黄素馨(探春花)

Jasminum floridum Bunge
[*Jasminum floridum* subsp. *giraldii*]

木犀科 Oleaceae,素馨属 *Jasminum*

形态特征 直立或攀援灌木,高达3m。叶互生,复叶,小叶3或5枚,小枝基部常有单叶;小叶片卵形、卵状椭圆形至椭圆形,长0.7~3.5cm,宽0.5~2cm,先端急尖,具小尖头,基部楔形或圆形;单叶通常为宽卵形、椭圆形或近圆形,长1~2.5cm,宽0.5~2cm。聚伞花序或伞状聚伞花序顶生,有花3~25朵;花冠黄色,近漏斗状,花冠管长0.9~1.5cm。果长圆形或球形。花期5—9月;果期9—10月。

分布 产河北、陕西南部、山东、河南西部、湖北西部、四川、贵州北部。

习性 喜光,稍耐阴,耐干旱,耐寒,在土层深厚的肥沃土壤中生长较好。

栽培 扦插繁殖。在花后剪取带叶的枝条进行扦插。

应用 黄素馨株形优美、枝叶青绿,黄色的花朵灿烂夺目。盆栽陈设于几架、台面等处观赏,或栽于庭院的水池边、假山侧等处,观赏效果甚佳。

迎春花

Jasminum nudiflorum Lindl.

木犀科 Oleaceae，素馨属 *Jasminum*

形态特征 落叶攀援状灌木，枝条下垂，枝绿色、四棱形。叶对生，三出复叶，小枝基部具单叶，小叶片卵形、长卵形或椭圆形，先端锐尖，基部楔形，叶缘反卷；顶生小叶片较大，长1~3cm，宽0.3~1.1cm，无柄或基部延伸成短柄，侧生小叶片长0.6~2.3cm，宽0.2~1.1cm，无柄。花单生叶腋，苞叶小叶状，披针形、卵形或椭圆形；花萼绿色，萼片5~6枚；花冠黄色，径2~2.5cm。花期3—4月。

分布 产云南、四川、西藏、陕西、甘肃等地。现世界各地均引种栽培。

习性 耐干旱，耐盐碱，较耐寒。

栽培 扦插、分株或压条法繁殖。

应用 金黄色花群，典雅风趣，在园林中常作基础种植、作花篱。可用于碎落台、互通立交区、服务区绿化。

小叶女贞

Ligustrum quihoui Carr.

木犀科 Oleaceae，女贞属 *Ligustrum*

形态特征　落叶灌木，高 1~3m。叶片薄革质，形状和大小变异较大，披针形、长圆状椭圆形、椭圆形、倒卵状长圆形至倒披针形或倒卵形，长 1~4cm，宽 0.5~2cm，先端锐尖、钝或微凹，基部狭楔形至楔形，叶缘反卷，上面深绿色，下面淡绿色，常具腺点，中脉在上面凹入，下面凸起。圆锥花序顶生，近圆柱形，长 4~15cm，宽 2~4cm。果倒卵形、宽椭圆形或近球形，紫黑色。花期 5—7 月；果期 8—11 月。

分布　产陕西、山东、江苏、安徽、浙江、江西、河南、湖北、四川、贵州、云南、西藏。

习性　喜光，稍耐阴，较耐寒；对二氧化硫、氯等有较好的抗性。性强健，耐修剪，萌发力强。

栽培　播种、扦插或分株繁殖。

应用　园林绿化中重要的绿篱材料。可用于碎落台、互通立交区、服务区绿化。

女贞

Ligustrum lucidum Ait.

木犀科 Oleaceae，女贞属 *Ligustrum*

形态特征 灌木或乔木，株高25m，树皮灰色，光滑。叶对生，革质，卵形或卵状椭圆形，长6~17cm，宽3~8cm，全缘，表面深绿有光泽，背面淡绿色。圆锥花序顶生，小花密集，花白色、芳香。浆果状核果，蓝黑色间有赤色。花期5—7月；果期至翌年5月。

分布 产长江流域、南方各省、华北及西北地区。

习性 喜光，喜高温，不耐阴，抗大气污染。

栽培 播种或扦插繁殖。播种，种子采后即播，土质以沙质壤土为佳，排水、日照需良好。施肥用有机肥或氮、磷、钾。冬季落叶后要整枝修剪。

应用 夏季满树白花似雪，浓荫如盖，终年常绿，苍翠可爱。宜作绿篱、绿墙栽植，亦可作行道树，或工厂绿化。可用于碎落台、互通立交区、服务区绿化。

小蜡

Ligustrum sinense Lour.

木犀科 Oleaceae，女贞属 *Ligustrum*

形态特征 灌木或小乔木。叶薄革质，卵形、椭圆形或卵状披针形，先端锐尖或钝，基部宽楔形或近圆形，幼时两面被短柔毛。圆锥花序由当年生枝条的叶腋及枝顶抽出，序轴密被淡黄色柔毛。花白色，芳香，具梗；花萼钟状。核果球形。花期 5—6 月；果期 7—9 月。

分布 产长江以南及贵州、四川、云南等地。越南也有分布。

习性 喜温暖、湿润气候；有一定的抗寒能力，对土壤的要求不太严，一般以土层深厚、疏松肥沃、排水良好的微酸性沙质壤土最为宜。

栽培 播种、扦插法繁殖。

应用 树冠整洁，自然分枝茂密，可造型修剪，是庭园美化的优良树种，亦适合作绿篱。可用于碎落台、互通立交区、服务区绿化。

桂花

Osmanthus fragrans (Thunb.) Lour.

木犀科 Oleaceae，木犀属 *Osmanthus*

形态特征 常绿小乔木，幼树灌木状。叶片革质，椭圆形或椭圆状披针形，先端渐尖，基部渐狭呈楔形，全缘或上半部有锯齿，两面无毛。聚伞花序簇生于叶腋，花多朵，细小，花冠黄白色、淡黄色或橘红色。果歪斜，椭圆形。花期9—10月；果期翌年3月。

分布 产我国西南部。现各地广泛栽培。印度、尼泊尔、柬埔寨也有。

习性 喜光，喜温暖和通风良好的环境，耐寒。适生于土层深厚、排水良好、富含腐殖质的偏酸性沙壤土，忌碱性土和积水。

栽培 用播种、压条、嫁接、扦插等方法繁殖。多用嫩枝扦插，6月中旬至8月下旬进行。

应用 适合庭园栽植，作绿篱或大型盆栽，是广泛喜爱的香花植物。可用于互通立交区、服务区绿化。

紫丁香（华北丁香）

Syringa oblata Lindle.

木犀科 Oleaceae，丁香属 *Syringa*

形态特征　落叶灌木或高 4~5m 的小乔木。叶对生，卵圆形，通常叶的宽度大于长度；顶生或侧生圆锥花序，花序长 8~20cm 或更长；花小芳香，白色、紫色、紫红色或蓝色，有浓香。花期 4—5 月；果期 9—10 月。

分布　以秦岭为中心，北到黑龙江，南到云南和西藏均有分布。现广泛栽培于世界各温带地区。

习性　喜阳，稍耐阴，较耐寒，对土壤的酸碱度要求不严，但以在排水良好、肥沃而湿润的沙壤土中生长良好。

栽培　播种、扦插或嫁接法繁殖。春季播种、扦插容易成活，春季用 1 年生休眠枝或雨季选半木质化的绿枝作插穗。

应用　春季盛开时硕大而艳丽的花序布满全株，芳香四溢，观赏效果甚佳，为庭园中著名的花木。可用于碎落台、服务区等处绿化。

欧丁香

Syringa vulgaris L.

木犀科 Oleaceae，丁香属 *Syringa*

形态特征 灌木或小乔木，高 3~7m，树皮灰褐色。小枝棕褐色，略带四棱形，疏生皮孔。叶片卵形、宽卵形或长卵形，长 3~13cm，宽 2~9cm，先端渐尖，基部截形、宽楔形或心形。圆锥花序近直立，由侧芽抽生，宽塔形至狭塔形，或近圆柱形，长 10~20cm。花芳香；萼齿锐尖至短渐尖；花冠紫色或淡紫色，长 0.8~1.5cm，直径约 1cm，花冠管细弱，近圆柱形，长 0.6~1cm；裂片呈直角开展，椭圆形、卵形至倒卵圆形。果倒卵状椭圆形、卵形至长椭圆形。花期 4—5 月；果期 6—7 月。

分布 原产欧洲东南部。华北各地普遍栽培，东北、西北以及江苏各地也有栽培。

习性 喜阳，稍耐阴，较耐寒，对土壤的酸碱度要求不严，但在排水良好、肥沃而湿润的沙壤土中生长良好。

栽培 播种、扦插或嫁接法繁殖。春季播种、扦插容易成活，春季用 1 年生休眠枝或雨季选半木质化的绿枝作插穗。

应用 春季盛开艳丽的花序布满全株，芳香四溢，观赏效果甚佳，为庭园中著名的花木。可用于碎落台、互通立交区、服务区等处绿化。

夹竹桃

Nerium oleander L.
[*N. indicum* Mill.]

夹竹桃科 Apocynaceae，夹竹桃属 *Nerium*

[桃红夹竹桃]

形态特征 常绿灌木，高达 5m。叶 3~4 枚轮生，下枝为对生，窄披针形，顶端急尖，基部楔形，叶缘反卷，长 11~15cm，宽 2~2.5cm，叶面深绿；叶柄内具腺体。聚伞花序顶生，花数朵着生；花芳香；萼片 5 枚，深裂，红色，披针形；花冠深红色或粉红色，栽培演变有白色或黄色。花期几乎全年，夏秋为最盛；果期一般在冬春季，栽培很少结果。

分布 原产伊朗、印度及尼泊尔。我国各地均有栽培。现广植于热带、亚热带地区。

习性 喜阳光充足、温暖而湿润的环境条件。适应性强，耐寒，耐旱和瘠薄。

栽培 以扦插繁殖为主，也可用分株和压条繁殖，春至夏季为适期。常见的园艺栽培品种有：①白花夹竹桃（*Nerium oleander* ‘Album’），花为白色，花期几乎全年；②粉花夹竹桃（*Nerium oleander* ‘Plenum’），花顶生，粉红色，聚伞花序或总状花序，重瓣；③桃红夹竹桃（*Nerium oleander* ‘Roseum’），花瓣桃红色。

应用 花繁叶茂，姿态优美，而且对有毒气体和粉尘具有很强的抵抗力，是园林造景的重要灌木花卉。适用绿带、绿篱、树屏、拱道。可用于碎落台、互通立交区、服务区绿化。

［粉花夹竹桃］

红鸡蛋花

Plumeria rubra L.

夹竹桃科 Apocynaceae，鸡蛋花属 *Plumeria*

形态特征 小乔木，高达 5m；枝条粗壮，肉质，有乳汁。叶厚纸质，长圆状倒披针形，顶端急尖，基部狭楔形，长 14~30cm，宽 6~8cm。聚伞花序顶生，长 22~32cm，直径 10~15cm，总花梗三歧，长 13~28cm；花冠深红色，花冠筒圆筒形；花冠裂片狭倒卵圆形或椭圆形。蓇葖果。花期 3—9 月。

分布 原产于南美洲，现广植于亚洲热带和亚热带地区。我国南部有栽培。

习性 喜光，喜高温；耐旱、耐盐碱。

栽培 扦插繁殖为主。鸡蛋花枝条扦插容易成活。

国内常见栽培品种还有：

白鸡蛋花（*Plumeria rubra* 'Acutifolia'），花冠白色黄心。三色鸡蛋花（*Plumeria rubra* 'Tricolor'），花瓣中央为蛋黄色，一边紫色，一边白色，三色相间。黄贝杰瑞特鸡蛋花（*Plumeria rubra* 'Benjarat Yellow'），花冠主体呈鲜黄色，边缘少许奶白色。

应用 花色艳丽，树形美观，为良好的观花植物，可孤植、丛植、临水点缀等配置使用，是我国南方绿地中不可或缺的优良树种。广泛应用于公园、庭院、绿地、草坪等的绿化、美化。在北方，鸡蛋花可用于盆栽观赏。常用于碎落台、互通立交、分离式中央分隔带、服务区等处绿化。

[白鸡蛋花]

[三色鸡蛋花]

[黄贝杰瑞特鸡蛋花]

黄花夹竹桃

Thevetia peruviana (Pers.) K. Schum.

夹竹桃科 Apocynaceae，黄花夹竹桃属 *Thevetia*

形态特征 常绿小乔木。叶簇生枝顶，线形或线状披针形，两端长尖。聚伞花序顶生，花大，黄色，具香味，长 5~9cm；花萼绿色，5 裂，裂片三角形；花冠漏斗形，花冠筒喉部具 5 个被毛的鳞片，花冠裂片向左覆盖，比花冠筒长。核果扁三角状球形，内有种子 3 ～ 4 颗。花期 5—12 月；果期 8 月至翌年春季。

分布 原产热带美洲。现世界热带地区普遍栽培。

习性 喜温暖、湿润、阳光充足环境，在湿润、肥沃的土壤中生长良好，耐干旱性强。

栽培 播种或扦插繁殖。播种，随采随播，发芽后要施薄肥，以促进生长；摘心以促进分枝，次年即可定植。扦插，在春季和夏季都可进行。

应用 黄花夹竹桃花期长，可在建筑物前，公园绿地、路旁、池畔等地种植。可用于碎落台、互通立交区、服务区绿化。

杠柳

Periploca sepium Bunge

杠柳科 Periplocaceae，杠柳属 *Periploca*

形态特征 落叶蔓性灌木，长可达 1.5m，具乳汁；茎皮灰褐色；小枝通常对生，有细条纹，具皮孔。叶卵状长圆形，长 5~9cm，宽 1.5~2.5cm，顶端渐尖，基部楔形。聚伞花序腋生，着花数朵；花冠紫红色，辐状，花冠筒短，裂片长圆状披针形。蓇葖 2，圆柱状，长 7~12cm，具有纵条纹；种子长圆形，黑褐色，顶端具白色绢质种毛；种毛长 3cm。花期 5—6 月；果期 7—9 月。

分布 产吉林、辽宁、内蒙古、河北、山东、山西、江苏、河南、江西、贵州、四川、陕西和甘肃等地。生于平原及低山丘的林缘、沟坡、河边沙质地或地埂等处。

习性 喜光，耐寒，耐旱，耐高温，耐水湿，适应性强。

栽培 播种繁殖。采用直接播种，播后保持土壤湿润，10~20 天即可出苗，一年生苗高 15~25cm。

应用 果实奇特，宜作庭园垂直绿化和地被植物。可用于边坡生态恢复。

金银花

Lonicera japonica Thunb.

忍冬科 Caprifoliaceae，忍冬属 *Lonicera*

形态特征 半常绿藤本花卉，小枝细长，中空，有短毛；幼枝暗红褐色。叶对生，纸质，卵形或长状卵形，长 3~5cm，顶端尖或渐尖，基部圆或近心形，有糙缘毛，全缘。花初开时为雪白色，2~3 天后即为金黄色，故得名“金银花”；花冠长 3~4.5cm，唇形。果实圆形，熟时蓝黑色；种子卵圆形或椭圆形，褐色。花期 4—7 月（秋季亦常开花）；果期 10—11 月。

分布 原产中国，全国各地均有栽培。

习性 喜阳也耐阴，耐寒，耐干旱，耐潮湿。

栽培 扦插繁殖，易成活，除冬季外，其余季节均可扦插。

应用 常绿，芳香，适宜种在院落，走壁腾空。夏天满院清香，冬天一片碧绿，可免萧条，添生机，是垂直绿化的好材料。

金银忍冬(金银木)

Lonicera maackii (Rupr.) Maxim.

忍冬科 Caprifoliaceae，忍冬属 *Lonicera*

形态特征 落叶灌木，高达 6m。叶纸质，卵状椭圆形至卵状披针形，长 5~8cm，顶端渐尖或长渐尖，基部宽楔形至圆形。花芳香，生于幼枝叶腋；花冠先白色后变黄色，长 1~2cm，唇形，筒长约为唇瓣的 1/2，内被柔毛。果实暗红色，圆形；种子具蜂窝状微小浅凹点。花期 5—6 月；果期 8—10 月。

分布 产黑龙江、吉林、辽宁、河北、山西、陕西、甘肃、山东、江苏、安徽、浙江、河南、湖北、湖南、四川、贵州、云南及西藏。朝鲜、日本和俄罗斯也有分布。

习性 性喜强光，稍耐旱，但在微潮、偏干的环境中生长良好。金银木喜温暖的环境，亦较耐寒，在中国北方绝大多数地区可露地越冬。

栽培 播种或扦插繁殖。播种，春季播种繁殖。扦插，夏季采用当年生半木质化枝条进行嫩枝扦插；秋季选取 1 年生健壮饱满枝条进行硬枝扦插。

应用 金银木树势旺盛，枝繁叶茂，初夏开花芳香，秋季红果缀枝头，是良好的观赏灌木。在园林中，常丛植于草坪、山坡、林缘、路边或点缀于建筑周围，观花、赏果皆宜。可用于碎落台、路肩、护坡道、土质上下边坡、互通立交区、服务区等地绿化。

珊瑚树

Viburnum odoratissimum Ker~Gawl.

忍冬科 Caprifoliaceae，荚迷属 *Viburnum*

形态特征　常绿灌木或小乔木，高达 10m。叶革质，椭圆形至矩圆形或矩圆状倒卵形至倒卵形，长 7~20cm，顶端短尖至渐尖而钝头，边缘上部有不规则浅波状锯齿或近全缘，上面深绿色有光泽，下面有暗红色腺点。圆锥花序顶生或生于侧生短枝上；花冠白色，后变黄色，有时微红，辐状。果实先红色后变黑色，卵圆形或卵状椭圆形。花期 4—5 月；果熟期 7—9 月。

分布　产广东、海南、广西、湖南、福建等地。印度、缅甸、泰国和越南也有分布。

习性　喜光，喜温暖、湿润气候，耐半阴，抗污染力强。

栽培　扦插或播种繁殖。选用肥沃、疏松、排水好的土壤。

应用　为我国南方乡土树种。花淡雅，果红，形如珊瑚，绚丽可爱。用作高大绿篱，有隔声、隔烟尘、隔火的效果。可用于碎落台、互通立交区、服务区绿化。

欧洲荚蒾（鸡树条、天目琼花） *Viburnum opulus* L.

忍冬科 Caprifoliaceae，荚蒾属 *Viburnum*

形态特征 落叶灌木，高达1.5~4m。叶轮廓圆卵形至广卵形或倒卵形，长6~12cm，3裂，具掌状3出脉，基部圆形、截形或浅心形，裂片顶端渐尖，边缘具不整齐粗牙齿；位于小枝上部的叶常较狭长，椭圆形至矩圆状披针形而不分裂，边缘疏生波状牙齿，或浅3裂而裂片全缘或近全缘，侧裂片短，中裂片伸长；叶柄粗壮，长1~2cm，有2~4至多枚明显的长盘形腺体，基部有2钻形托叶。复伞形式聚伞花序直径5~10cm；花冠白色，辐状。果实红色，近圆形。花期5—6月；果期9—10月。

分布 产新疆西北部。欧洲和俄罗斯高加索与远东地区有分布。

习性 喜光，耐寒，耐旱，喜湿润空气，喜疏松、肥沃、湿润富含有机质的土壤，但干旱气候亦能生长发育良好，耐轻度盐碱。

栽培 播种或扦插繁殖。多采用扦插繁殖。

应用 花期较长，花色清雅。春观花，夏观果，秋观叶、果，冬观果，四季皆有景，为优良的野生观赏植物。可用于碎落台、互通立交区、服务区绿化。

锦带花

Weigela florida (Bunge) A. DC

忍冬科 Caprifoliaceae，锦带花属 *Weigela*

形态特征　灌木，高可达3m，小枝细弱。叶矩圆形、椭圆形或倒卵形，长7~12cm，顶端尾状，基部阔楔形，边缘具钝锯齿，表面绿色，幼时有2列短柔毛；叶两面主脉密生短柔毛。花数朵组成聚伞花序；花冠漏斗状钟形，基部1/3处骤狭，长3~4cm，初时白色，后淡红色渐变至深红色。蒴果长圆形。花期4—5月；果期6—7月。

分布　产山东、山西、河北及东北三省等地。

习性　阳性，耐寒，耐干旱，怕涝。

栽培　播种、扦插或压条繁殖。播种，播种前用冷水浸种2~3h，捞出放室内，用湿布包着催芽后播种。扦插，剪取1~2年生未萌动的枝条，剪成长10~12cm的插穗，用生根粉2000mg/kg的溶液蘸插穗，然后插入露地覆膜遮阳沙质插床中，保持土壤湿润。

应用　花朵繁密而艳丽，花期长，为良好的庭园观赏植物。可用于碎落台、互通立交区、服务区绿化。

波斯菊(秋英)

Cosmos bipinnata Cav.

菊科 Compositae，秋英属 *Cosmos*

形态特征　一年生或多年生草本，高 1~2m。叶二次羽状深裂，裂片线形或丝状线形。头状花序单生，径 3~6cm。舌状花紫红色，粉红色或白色；舌片椭圆状倒卵形，长 2~3cm，宽 1.2~1.8cm，有 3~5 钝齿；管状花黄色，长 6~8mm，管部短，上部圆柱形，有披针状裂片。瘦果黑紫色，上端具长喙，有 2~3 尖刺。花期 6—8 月；果期 9—10 月。

分布　原产美洲墨西哥，在我国栽培甚广。

习性　喜光，耐贫瘠土壤，对夏季高温不适应，不耐寒。

栽培　播种繁殖。

应用　株形高大，叶形雅致，花色丰富，有粉、白、深红等色，适于布置花镜，在草地边缘，树丛周围及路旁成片栽植美化绿化，颇有野趣。可用于边坡绿化点缀。

阿尔泰狗娃花

Heteropappus altaicus (Willd.) Novopokr.

菊科 Compositae，狗娃花属 *Heteropappus*

形态特征 多年生草本，高 60~100cm。叶条形或矩圆状披针形，倒披针形，长 2~6cm，宽约 1cm，全缘或有疏浅齿。头状花序直径 2~4cm，单生枝端或排成伞房状。花浅蓝紫色；总苞片 2~3 层，近等长或外层稍短，矩圆状披针形或条形，顶端渐尖。舌状花约 20 个；舌片矩圆状条形；管状花裂片不等大。瘦果扁，倒卵状矩圆形。花果期 5—9 月。

分布 广泛分布于亚洲中部、东部、北部及东北部，喜马拉雅西部。

习性 生于草原、荒漠地、沙地及干旱山地。适生海拔高度 0 ～ 4000m。

栽培 播种繁殖。

应用 花浅蓝紫色，可用于边坡绿化点缀。

白花泡桐(泡桐)

Paulownia fortunei (Seem.) Hesml.

玄参科 Scrophulariaceae，泡桐属 *Paulownia*

形态特征 落叶乔木；树皮光滑，灰褐色；树冠圆锥形。叶对生，近卵形，顶端渐尖，长 10~20cm，全缘；叶柄长达 12cm。聚伞圆锥花序顶生；花大，长可达 10cm，先叶开放；花萼状钟形，长 2~2.5cm，裂片肥厚；花冠白色，管状漏斗形。蒴果木质，长圆形；种子多数，长椭圆形而扁，有透明的膜翅。花期 3—4 月；果期 7—8 月。

分布 产广东、广西、湖南、江西、福建、台湾、浙江、安徽、湖北、四川、贵州、云南。山东、河北、河南、陕西有引种。越南及老挝也有分布。

习性 喜光，耐寒，适应性强，生长快，较喜欢温暖、湿润的气候。

栽培 播种或扦插繁殖。需要栽培于深厚肥沃的土壤中。

应用 树干直，生长快，极适合作园林行道树和景观树。可用于互通立交区、服务区绿化。

毛泡桐（紫花泡桐） *Paulownia tomentosa* (Thunb.) Steud.

玄参科 Scrophulariaceae，泡桐属 *Paulownia*

形态特征 乔木，高达 20m，树冠宽大伞形，树皮褐灰色；小枝有明显皮孔，幼时常具黏质短腺毛。叶片心脏形，长达 40cm，顶端锐尖头，全缘或波状浅裂。花序为金字塔形或狭圆锥形，长一般在 50cm 以下，小聚伞花序的总花梗长 1~2cm，具花 3~5 朵；花冠紫色，漏斗状钟形，长 5~7.5cm。蒴果卵圆形，幼时密生黏质腺毛，长 3~4.5cm。花期 4—5 月；果期 8—9 月。

分布 产辽宁南部、河北、河南、山东、江苏、安徽、湖北、江西等地，通常栽培，西部地区有野生。日本、朝鲜，欧洲和北美洲也有引种栽培。

习性 喜光，耐寒，较耐干旱与瘠薄，在北方较寒冷和干旱地区尤为适宜。

栽培 播种或扦插繁殖。

应用 树干直，适合作园林行道树和景观树。可用于互通立交区、服务区绿化。

凌霄

Campsis grandiflora (Thunb.) Schum.

紫葳科 Bignoniaceae，凌霄属 *Campsis*

形态特征 攀援藤本，茎木质，以气生根攀附于它物之上。叶对生，为奇数羽状复叶；小叶 7~9 枚，卵形至卵状披针形，顶端尾状渐尖，基部阔楔形，两侧不等大，长 3~6cm，宽 1.5~3cm，侧脉 6~7 对，两面无毛，边缘有粗锯齿；叶轴长 4~13cm。顶生疏散的短圆锥花序，花序轴长 15~20cm；花萼钟状，长 3cm，分裂至中部，裂片披针形，长约 1.5cm；花冠内面鲜红色，外面橙黄色，长约 5cm，裂片半圆形。蒴果顶端钝。花期 5—8 月。

分布 产长江流域各地，广东、广西、福建、山东、河南、陕西、河北有栽培。日本也有分布。亚热带和温带地区有栽培。

习性 喜光，耐寒，耐旱，耐瘠薄，萌生力均强。

栽培 扦插、压条或分根繁殖。常用扦插繁殖，扦插多选用带气生根的硬枝春插。

应用 优雅、美丽的花朵从碧绿纤弱的枝叶间轻垂而下，异常壮观。适合花架、假山、墙垣等地垂直绿化。藤枝虬曲多姿，翠叶如盖，花大色艳，花期甚长，为庭园中棚架、花门的良好绿化材料；适宜攀援墙垣、枯树、石壁；点缀于假山间隙，繁花艳彩，更觉动人；经修剪、整枝等栽培措施，可成灌木状栽培观赏；管理粗放、适应性强，是理想的城市垂直绿化树种。可用于边坡、隧道洞门垂直绿化。

楸树（金丝楸、梓桐、小叶梧桐） *Catalpa bungei* C. A. Mey.

紫葳科 Bignoniaceae，梓树属 *Catalpa*

形态特征 落叶乔木，树干通直，高 8~12m。根系发达，易生萌蘖。叶三角状卵形或卵状长圆形，先端渐尖，基部截形或广楔形。顶生伞房状总状花序，有花 2~12 朵，花冠唇形，淡红色，内有紫色斑点。蒴果细长，如豆荚状；种子狭长椭圆形。花期 5—6 月；果期 6—10 月。

分布 产湖南、浙江、江苏、山东、河南、甘肃、陕西、山西、河北等地。

习性 喜光，喜温暖，喜深厚、肥沃、湿润、疏松的中性及微酸性和钙质壤土。抗寒，抗旱。对二氧化硫、氯气等有害气体有抗性，吸滞粉尘能力强，根蘖力强。

栽培 播种、分蘖、埋根繁殖均可。于早春萌芽前，在大树周围挖取直径 1~2cm 粗的根条，进行根埋，成活率高。秋后即可栽植。

应用 树形挺秀，树荫浓郁，花形奇特，可作行道树、遮阴树，也是厂矿良好的绿化树种。可用于互通立交区、服务区、管理中心等绿化。

假连翘

Duranta erecta L.
[*D. repens* L.]

马鞭草科 Verbenaceae，假连翘属 *Duranta*

形态特征 常绿灌木，高约 1.5~3m；枝条有皮刺。叶对生，少有轮生，叶片卵状椭圆形或卵状披针形，长 2~6.5cm，宽 1.5~3.5cm，纸质，顶端短尖或钝，基部楔形，全缘或中部以上有锯齿。总状花序顶生或腋生，常排成圆锥状；花冠通常蓝紫色，长约 8mm，稍不整齐，5 裂，裂片平展；花柱短于花冠管；子房无毛。核果球形，熟时红黄色，有增大宿存花萼包围。花果期 5—10 月，在南方可为全年。

分布 原产热带美洲。我国南部常见栽培，常逸为野生。

习性 喜光，喜温暖、湿润气候。

栽培 播种或扦插繁殖。

应用 花期长而花美丽，是很好的绿篱植物。可用于碎落台、互通立交区、服务区绿化。

蔓马缨丹

Lantana montevidensis (Spreng) Briq.

马鞭草科 Verbenaceae，马缨丹属 *Lantana*

形态特征 蔓性常绿木质藤本；枝下垂，被柔毛，长 0.7 ～ 1m。叶卵形，长约 2.5cm，基部突然变狭，边缘有粗牙齿。头状花序直径约 2.5cm；花长约 1.2cm，淡紫红色；苞片阔卵形，长不超过花冠管的中部。花期几乎为全年。

分布 原产南美洲。我国南方多有栽培。

习性 喜温暖、湿润、向阳之地，耐干旱，稍耐阴，不耐寒。在南方露地栽培，北方可作盆栽摆设观赏。对土质要求不严，以肥沃、疏松的沙质土壤生长最好。

栽培 扦插和播种繁殖。适宜春季进行，栽培土以肥沃的沙质壤土最佳。

应用 常植于小花坛、花台、花境，为优良的地被绿化植物。可用于隧道洞门、挡墙等的垂直绿化。

荆条

Vitex negundo var. heterophylla (Franch.) Rehd.

马鞭草科 Verbenaceae，牡荆属 *Vitex*

形态特征 灌木或小乔木；小枝四棱形，密生灰白色绒毛。掌状复叶，小叶 5 枚；小叶片边缘有缺刻状锯齿，浅裂至深裂，背面密被灰白色绒毛。聚伞花序排成圆锥花序式，顶生，长 10~27cm；花萼钟状，顶端有 5 裂齿，外有灰白色绒毛；花冠淡紫色，外有微柔毛，顶端 5 裂，2 唇形；雄蕊伸出花冠管外。核果近球形。花期 4—6 月；果期 7—10 月。

分布 产辽宁、河北、山西、山东、河南、陕西、甘肃、江苏、安徽、江西、湖南、贵州、四川。生于山坡路旁。日本也有分布。

习性 喜光，耐寒，耐旱，耐瘠薄的土壤。其根茎萌发力强，耐修剪。

栽培 播种、扦插、压条等繁殖。

应用 根系发达，既能涵养水源，保持水土，又能培肥地力，是水土保持的优良灌木树种。可用于公路边坡、碎落台、互通立交区、服务区绿化。

花叶艳山姜

Alpinia zerumbet 'Variegata'

姜科 Zingiberaceae，山姜属 *Alpinia*

形态特征 多年生草本，植株高1~2m。叶具鞘，长椭圆形，两端渐尖，叶长约50cm，宽15~20cm，有金黄色纵斑纹，十分艳丽。圆锥花序呈总状花序式，花序下垂；花白色，边缘黄色，顶端红色，唇瓣广展，花大而美丽并具有香气；花萼近钟形，白色，顶粉红色，一侧开裂，顶端有齿裂；蒴果卵圆形，种子有棱角。花期5—6月。

分布 原产于亚热带地区，中国东南部至南部有分布，各地城市均有栽培。

习性 喜光，不耐干旱，不耐寒，喜肥沃、疏松土壤。

栽培 分株繁殖。

应用 叶色艳丽醒目，花朵香气浓郁，花姿清秀、雅致，是一种具有很高观赏价值的观叶观花植物。可用于服务区绿化。

小黄花菜

Hemerocallis minor Mill.

百合科 Liliaceae，萱草属 *Hemerocallis*

形态特征 株高30~60cm。叶长20~60cm，宽3~14mm。花葶稍短于叶或近等长，顶端具1~2花，少有具3花；花梗很短，苞片近披针形，长8~25mm，宽3~5mm；花被淡黄色；花被管通常长1~2.5cm；花被裂片长4.5~6cm，内3片宽1.5~2.3cm。蒴果椭圆形或矩圆形，长2~2.5cm，宽1.2~2cm。花期、果期5—9月。

分布 产山西、山东、陕西、甘肃、河北、内蒙古、辽宁、吉林、黑龙江。

习性 喜光，耐寒，耐干旱，不择土壤。

栽培 分株繁殖为主，也可播种繁殖。

应用 常用作地被观花植物。可用于碎落台、服务区绿化。

香蒲

Typha orientalis Presl.

香蒲科 Typhaceae，香蒲属 *Typha*

形态特征 多年生水生或沼生草本，高1~2m。叶片条形，长40~70cm，宽0.4~0.9cm，光滑无毛；叶鞘包茎。雌雄花序紧密连接；雄花序长3~9cm，花序轴具白色弯曲柔毛，自基部向上具1~3枚叶状苞片，花后脱落；雌花序长4.5~15cm，基部具1枚叶状苞片，花后脱落。小坚果椭圆形至长椭圆形；果皮具长形褐色斑点。种子褐色，微弯。花期、果期5—8月。

分布 我国各地均有分布。

习性 生于湖泊、池塘、沟渠、沼泽及河流缓流带。

栽培 采用无性繁殖。挖取生长健壮、带部分根和根状茎的蒲苗作种苗。

应用 叶片挺拔，花序粗壮，常用于花卉观赏。常用于点缀园林水池、湖畔，构筑水景，宜作花境、水景背景材料。香蒲植物根系发达，与水葱搭配有利于净化水质。可用于服务区污水净化。

射干

Belamcanda chinensis (L.) Redouté

鸢尾科 Iridaceae，射干属 *Belamcanda*

形态特征 多年生草本，茎高1~1.5m，实心。叶互生，嵌迭状排列，剑形，长20~60cm，宽2~4cm，基部鞘状包茎，顶端渐尖。花序顶生，叉状分枝，每分枝的顶端聚生有数朵花；花橙红色，散生紫褐色的斑点，直径4~5cm；花被裂片6，2轮排列，外轮花被裂片倒卵形或长椭圆形，长约2.5cm，宽约1cm，顶端钝圆或微凹，基部楔形，内轮较外轮花被裂片略短而狭。蒴果倒卵形或长椭圆形；种子圆球形，黑紫色。花期6—8月；果期7—9月。

分布 产吉林、辽宁、河北、山西、山东、河南、安徽、江苏、浙江、福建、台湾、湖北、湖南、江西、广东、广西、陕西、甘肃、四川、贵州、云南、西藏。朝鲜、日本、印度、越南、俄罗斯也有分布。

习性 喜光，稍耐阴，耐干旱，能耐高温又耐寒，对土壤要求不严。

栽培 播种繁殖。

应用 花形飘逸，有趣味性，适用于作花境材料。可用于服务区绿化。

蒲葵

Livistona chinensis (Jacq.) R. Br.

棕榈科 Palmae，蒲葵属 *Livistona*

形态特征 乔木状，高可达 20m。叶阔肾状扇形，直径达 1m，掌状深裂至中部，裂片线状披针形，基部宽 4~4.5cm，顶部长渐尖，2 深裂成长达 50cm 的丝状下垂的小裂片，两面绿色。圆锥花序，粗壮，长约 1m。花小，两性，长约 2mm。果实椭圆形，黑褐色；种子椭圆形。花期 3—4 月；果熟期 10—12 月。

分布 产我国南部。中南半岛也有分布。

习性 喜高温、湿润环境，耐阴，稍耐寒，以含腐殖质质之壤土或沙质壤土最佳，排水需良好。

栽培 播种繁殖。

应用 树冠如伞，四季常青，株形优美，为热带地区重要的绿化树种，可列植作行道树或群植于绿地作风景树，公园、庭园普遍栽培。寒地多盆栽观赏。可用于碎落台、互通立交区、服务区绿化。

王棕(大王椰子)

Roystonea regia (Kunth) O. F. Cook

棕榈科 Palmae，王棕属 *Roystonea*

形态特征 茎直立，乔木状，高 10~20m；茎幼时基部膨大，老时近中部不规则地膨大，向上部渐狭。叶羽状全裂，弓形并常下垂，长 4~5m，叶轴每侧的羽片多达 250 片，羽片呈 4 列排列，线状披针形，渐尖，顶端浅 2 裂，长 90~100cm，宽 3~5cm，顶部羽片较短而狭，在中脉的每侧具粗壮的叶脉。花序长达 1.5m，多分枝，佛焰苞在开花前像一根垒球棒；花小，雌雄同株。果实近球形至倒卵形。种子歪卵形。花期 3—4 月；果期 10 月。

分布 原产北美洲与南美洲之间的古巴、牙买加、巴拿马。我国华南、东南及西南省区引种已久，半归化。

习性 喜阳，喜温暖，不耐寒，对土壤适应性强，但以疏松、湿润、排水良好，土层深厚的肥沃冲积土或黏壤土为好。

栽培 播种繁殖。

应用 树形优美，广泛作行道树和庭园绿化树种。可用于服务区绿化。

冰草

Agropyron cristatum (L.) Gaertn.

禾本科 Gramineae，冰草属 *Agropyron*

形态特征 多年草本，茎直立，光滑粗硬，株高20~70cm。叶鞘紧密包茎，短于节间；叶片长2~20cm，宽2~5mm，质地较硬且粗糙，边缘内卷；穗状花序，呈矩形或两端微窄，长2.5~5.5cm，宽8~15mm；小穗紧密排成两行，整齐呈篦齿状，各含4~7花；颖片舟形，外稃长6~7mm，舟形，具狭膜质边缘，被短刺毛，基盘钝圆，顶端具长2~4mm的芒，内稃的长度和外稃相等，窄矩形，先端尖而二裂；颖果矩圆形，黑褐色，顶部密生白色茸毛。

分布 产东北、华北、内蒙古、甘肃、青海、新疆等地。生于干燥草地、山坡、丘陵以及沙地。

习性 喜光，喜干燥、寒冷的气候。

栽培 播种繁殖。其种子萌发快，出苗容易和建坪速度快，春季或秋季播种均可，播种前灌足水分，在土壤呈半干半湿的状态时进行播种，播种量18~20g/m^2，覆土厚度1.5~2cm为宜。

应用 为优良牧草，也可用于边坡生态恢复。

白羊草

Bothriochloa ischaemum (L.) Keng

禾本科 Gramineae，孔颖草属 *Bothriochloa*

形态特征 多年生草本，高 25~70cm。叶鞘短于节间；叶舌膜质，具纤毛；叶片线形，长 5~16cm，宽 2~3mm，先端渐尖，基部圆形，两面疏生疣基柔毛或下面无毛。总状花序 4 至多数着生于秆顶呈指状，长 3~7cm，纤细，灰绿色或带紫褐色，总状花序轴节间与小穗柄两侧具白色丝状毛。花期、果期在秋季。

分布 分布几乎遍布全国。生于山坡草地和荒地。分布全世界亚热带和温带地区。

习性 喜光，耐旱，耐寒，耐瘠薄土壤。

栽培 播种或分株繁殖。

应用 本种适应性强，可用于公路边坡生态恢复的早期坡面覆盖。

朝阳隐子草（中华隐子草、北京隐子草）

Cleistogenes hackelii (Honda) Honda
[*Cleistogenes chinensis* (Maxim.) Keng]

禾本科 Gramineae，隐子草属 *Cleistogenes*

形态特征　多年生草本，秆丛生，纤细，直立，高 15~60cm，径 0.5~1mm，基部密生贴近根头的鳞芽。叶鞘长于节间，鞘口常具柔毛；叶舌短，边缘具纤毛；叶片长 3~7cm，宽 1~2mm，扁平或内卷。圆锥花序疏展，长 5~10cm，具 3~5 分枝，基部分枝长 3~6cm，小穗黄绿色或稍带紫色，长 7~9mm，含 3~5 小花；颖披针形，先端渐尖，第一颖长 3~4.5mm，第二颖长 4~5.5mm；外稃披针形，边缘具长柔毛，具 5 脉，第一外稃长 5~6mm，先端芒长 1~2mm，内稃与外稃近等长。花期、果期 7—10 月。

分布　产陕西、河北、山西、内蒙古、宁夏、青海等地。多生于山坡、丘陵、林缘草地。

习性　喜光，耐旱，耐寒，耐瘠薄土壤。

栽培　播种或分株繁殖。

应用　本种适应性强，可用于公路边坡生态恢复的早期坡面覆盖。

狗牙根

Cynodon dactylon (L.) Pers.

禾本科 Gramineae，狗牙根属 *Cynodon*

形态特征　多年生低矮草本，具根状茎或匍匐茎；秆纤细而坚韧，秆下部节处向下生根，直立部分高 10~30 cm。叶片线形，长 1~12 cm，宽 1~3 mm；叶鞘无毛，扁平状；叶舌退化成为一圈白毛。穗状花序 3~6 枚指状排列于茎顶，小穗卵状披针形，灰绿色或带紫色。颖果长圆柱形。花期、果期为 5—10 月。

分布　产黄河以南各省区。广布于世界温暖地区。

习性　喜温暖，耐炎热，耐寒，喜光，稍耐阴，耐旱、瘠薄及盐碱土，耐践踏、耐修剪。

栽培　繁殖能力强，直接使用种子喷播。

应用　根系发达，为优良的固堤保土植物，常应用于机场景观绿化，堤岸水土保持，高速公路、铁路边坡等处的固土护坡绿化，是极好的水土保持种类。

无毛画眉草

Eragrostis pilosa var. *imberbis* Franch.

禾本科 Gramineae，画眉草属 *Eragrostis*

形态特征 多年生草本，秆成密丛生，高 10~120cm，下部可分枝。叶片细长、粗糙、内卷，长达 40cm。圆锥花序开展，花期、果期 4—9 月。

分布 产全国各地。多生于荒芜田野草地上。全世界温暖地区有分布。

习性 多生长于沙质坡地、农田、路边荒地及植被受到破坏的地段。耐干旱，耐贫瘠土壤，分枝旺盛，叶茎强健，根的伸展性好，能在岩石缝隙中生长。

栽培 播种繁殖。播种量为 $2g/m^2$，管理较粗放，雨季后生长迅速，适当增加修剪次数，以控制高度。

应用 为高速公路、铁路边坡等处的固土护坡绿化草种。

高羊茅

Festuca elata Keng ex E. Alexeev

禾本科 Gramineae，羊毛属 *Festuca*

形态特征 多年生丛生性草本，质地粗糙，株高 90~120cm，呈疏丛状，须根发达，入土很深。叶片线性扁平，坚硬，长 15~20cm，宽 4~10mm，背面光滑，上面及边缘粗糙。圆锥花序开展，长 20~30cm，主枝长 6~8cm，每节着生 2~4 个，小穗长 10~13mm，具 4~5 花，绿而带淡紫色。颖果长圆状披针形，长 3.4~4.2mm，宽 1.2~1.5mm。

分布 产广西、四川、贵州。生于路旁、山坡和林下。

习性 喜光，耐旱，耐寒，耐瘠薄。适应性广，能适应年降雨量 450mm 以上和海拔 1500m 以下温暖、湿润的地区，冷凉地区也能适应。

栽培 播种繁殖。春播或秋播均可，播种量 25~30g/m^2。

应用 高羊茅常用于绿地草坪。可用于公路边坡绿化，以及互通立交区、服务区草坪建植。

白茅

Imperata cylindrica (L.) Beauv.

禾本科 Gramineae，白茅属 *Imperata*

形态特征　多年生，具粗壮的长根状茎，秆直立，高 30~80cm。叶鞘聚集于秆基；叶舌膜质，长约 2mm，紧贴其背部或鞘口具柔毛；分蘖叶片长约 20cm，宽约 8mm，扁平，质地较薄；秆生叶片长 1~3cm，窄线形，通常内卷，顶端渐尖呈刺状，下部渐窄，或具柄，质硬，被有白粉，基部上面具柔毛。圆锥花序稠密，长 20cm，宽达 3cm，小穗长 4.5~5mm，基盘具长 12~16mm 的丝状柔毛；两颖草质及边缘膜质，近相等，具 5~9 脉，顶端渐尖或稍钝，常具纤毛，脉间疏生长丝状毛，第一外稃卵状披针形，长为颖片的 2/3，透明膜质，无脉，顶端尖或齿裂，第二外稃与其内稃近相等，长约为颖之半，卵圆形，顶端具齿裂及纤毛。颖果椭圆形。花期、果期 4—6 月。

分布　我国各地均有分布。世界各地有分布。

习性　适应性强，生态幅度广，自谷地河床至干旱草地，是森林砍伐或火烧迹地的先锋植物，也是空旷地、果园地、撂荒地以及田坎、堤岸和路边的极常见植物和杂草。

栽培　播种或分株繁殖。

应用　可用于公路边坡绿化，以及互通立交区、服务区草坪建植。

黑麦草

Lolium perenne L.

禾本科 Gramineae，黑麦草属 *Lolium*

形态特征　多年生草本，秆丛生，高 30~90cm，具 3~4 节，基部节上生根，须根稠密。叶片扁平，窄长，有微柔毛，长 10~20cm，宽 3~6cm，深绿色，发亮，具光泽，富有弹性；叶脉明显。穗状花序，稍弯曲，最长可达 30cm 小穗扁平无柄，互生与主轴两侧，每穗含 3~10 朵花。种子扁平，呈土黄色，长 4~6mm，成熟后易脱落。花期、果期 5—7 月。

分布　各地普遍引种生于草甸草场，路旁湿地常见。广泛分布于克什米尔地区、巴基斯坦、欧洲、亚洲暖温带、非洲北部。

习性　喜温暖、湿润、夏季较凉爽的环境，抗寒、抗霜而不耐热，不耐干旱和瘠薄。

栽培　播种繁殖。种子发芽率高，出苗快而整齐，成坪快。在土壤水分充足的情况下 5~7 天即可出苗。春播、秋播均可，以秋播为好，播种量为 25~35g/m^2。

应用　常用作早期边坡覆盖，防止水土流失。

糖蜜草

Melinis minutiflora Beauv.

禾本科 Gramineae，糖蜜草属 *Melinis*

形态特征　多年生草本，植物体被腺毛，有糖蜜味。秆多分枝，基部平卧，于节上生根，上部直立，开花时高可达 1m，节上具柔毛。叶鞘短于节间，疏被长柔毛和瘤基毛；叶舌短，膜质，顶端具睫毛；叶片线形，长 5~10cm，宽 5~8mm，两面被毛，叶缘具睫毛。圆锥花序开展，长 10~20cm，末级分枝纤细，弓曲；小穗卵状椭圆形；第一颖小，三角形，无脉，第二颖长圆形，具 7 脉，顶端 2 齿裂；第一小花退化，外稃狭长圆形，具 5 脉，顶端 2 裂，裂齿间具 1 纤细的长芒，长达 1cm，内稃缺；第二小花两性，外稃卵状长圆形。颖果长圆形。花期、果期 7—10 月。

分布　原产非洲。我国南方各省区有引种。

习性　喜光，耐热，能在贫瘠土壤上生长良好。

栽培　播种繁殖。

应用　为优良牧草，是水土保持的优良草种。可用于边坡生态恢复。

芒

Miscanthus sinensis Anderss

禾本科 Gramineae，芒属 *Miscanthus*

形态特征　多年生高大丛生草本，秆高 1~2 m。叶片线形，背面疏生柔毛及被白粉，边缘具利齿，十分锋利；叶鞘无毛，长于节间。圆锥花序直立，长 15~40 cm，主轴无毛，分枝较粗硬；小穗披针形，黄色具丝状柔毛；柱头羽状，紫褐色。颖果长圆形，暗紫色。花期、果期 7—12 月。

分布　产长江流域以南。日本、朝鲜也有分布。

习性　耐寒也抗热，喜温暖、湿润的气候，对土壤要求不严，耐瘠薄和修剪。

栽培　分株或播种繁殖。春秋皆可进行，适应性强，管理粗放。

应用　花序美丽，用作湖边、河岸低湿处的背景材料。有较强的水土保持能力，为一优良固坡植物。

类芦

Neyraudia reynaudiana (Kunth) Keng ex Hitahc.

禾本科 Gramineae，类芦属 *Neyraudia*

形态特征　多年生草本，具粗壮分枝短根茎，须根粗而坚硬。秆直立，节具分枝，节间被白粉。叶鞘无毛；叶舌密生柔毛；叶片细长，分枝细长，开展或下垂；两面无毛或腹面有疏柔毛。圆锥花序顶生，长 30~60 cm，分枝稠密；小花外稃多被白色长柔毛；内稃短于外稃。颖果。花期、果期 8—12 月。

分布　产长江以南及西南各省。日本、印度、马来西亚也有分布。

习性　耐寒，耐热，喜温暖、湿润的气候，对土壤要求不严，耐瘠薄。

栽培　播种或分株繁殖。春秋皆可进行，生长快，适应性强，管理粗放。

应用　有较强的水土保持能力，为优良的固坡植物，适用作湖边、河岸低湿处景观的背景材料。抗逆性强，适应性广，效果持久稳定，用来绿化裸露边坡，能很好地恢复自然生态植被。

铺地黍

Panicum repens L.

禾本科 Gramineae，黍属 *Panicum*

形态特征 多年生草本，根茎粗壮发达。秆直立，坚挺，高 50~100cm。叶鞘光滑，边缘被纤毛；叶舌长约 0.5mm，顶端被睫毛；叶片质硬，线形，长 5~25cm，宽 2.5~5mm；叶舌极短，膜质，顶端具长纤毛。圆锥花序开展，长 5~20cm，分枝斜上；小穗长圆形，长约 3mm，无毛，顶端尖；第一颖薄膜质，长约为小穗的 1/4，基部包卷小穗，顶端截平或圆钝；第二颖约与小穗近等长，顶端喙尖，具 7 脉，第一小花雄性，其外稃与第二颖等长；第二小花结实，长圆形，长约 2mm，平滑、光亮，顶端尖。花期、果期 6—11 月。

分布 产我国东南各地。广布世界热带和亚热带。

习性 喜光，耐旱又耐湿，耐盐碱。

栽培 播种或分株繁殖。

应用 本种繁殖力特强，根系发达，可用于边坡、盐碱地生态恢复。

两耳草

Paspalum conjugatum Bergius

禾本科 Gramineae，雀稗属 *Paspalum*

形态特征 多年生草本，具长达 1m 的匍匐茎。秆直立部分高 30~60cm，细弱。叶鞘具脊；叶舌极短，与叶片交接处具长约 1mm 的一圈纤毛；叶片披针状线形，长 5~20cm，宽 5~10mm。总状花序 2 枚，纤细，长 6~12cm，开展；小穗卵形，覆瓦状排列成两行。谷粒与小穗等长。

分布 产广西、海南、台湾、云南。广布全世界热带及温暖地区。

习性 喜温暖、湿润的环境，对土壤要求不严格，在湿润、肥沃，通透性良好的微酸性土壤上生长最好。

栽培 播种或用匍匐茎繁殖。可用种子直接喷播。

应用 四季翠绿，植株纤细优美，可作为地被植物。可用于服务区地被覆盖绿化。

百喜草（巴哈雀稗） *Paspalum notatum* Flugge

禾本科 Gramineae，雀稗属 *Paspalum*

形态特征 多年生。秆密丛生，高约80cm。叶鞘基部扩大，长10~20cm，长于其节间，背部压扁成脊；叶舌膜质，极短，紧贴其叶片基部有一圈短柔毛；叶片长20~30cm，宽3~8mm，扁平或对折，平滑无毛。总状花序2枚对生，腋间具长柔毛，长7~16cm，斜展；穗轴宽1~1.8mm，微粗糙；小穗柄长约1mm，小穗卵形，平滑无毛，具光泽；第二颖稍长于第一外稃，具3脉，中脉不明显，顶端尖；第一外稃具3脉，第二外稃绿白色，顶端尖。花期、果期9月。

分布 原产美洲。为我国甘肃及河北引种栽培的一种优良牧草。

习性 耐旱性、耐热性强，耐寒性尚可。对土壤选择性不严，分蘖旺盛，地下茎粗壮，根系发达。

栽培 播种繁殖。春季或初夏撒播，保持土壤湿润。

应用 常用于道路护坡、水土保持和绿化植物。可用于边坡、互通立交区、服务区植被恢复。

粽叶芦

Thysanolaena latifolia (Roxb. ex Hornem.) Honda
[Thysanolaena maxima (Roxb.) Kuntze]

禾本科 Gramineae，粽叶芦属 *Thysanolaena*

形态特征　多年生丛生草本，秆高 2~3 m，直立粗壮，具白色髓部，不分枝。叶鞘无毛，叶舌长 1~2 mm，截平；叶片披针形，长 20~50 cm，宽 3~8 cm，具横脉，具柄。圆锥花序大型，柔软，长达 50 cm，分枝多；小穗长 1.5~1.8 mm，小穗柄具关节；颖片无脉。颖果长圆形，长约 0.5 mm。花期冬季至翌年春季；果期夏季。

分布　产广东、广西、台湾、贵州。印度、中南半岛、印度尼西亚、新几内亚岛也有分布。

习性　喜光照充足，喜温暖、湿润环境，耐旱，耐瘠薄土壤。

栽培　分株或播种繁殖。于春季进行，适应性强，管理粗放。

应用　植株大型，花序紫红色，可栽培作绿化观赏用。为优良的固土护坡植物。

参考文献

[1] 中国科学院中国植物志编辑委员会 . 中国植物志 [M]. 北京：科学出版社，1956－2004.

[2] 邢福武，等 . 中国景观植物 [M]. 武汉：华中科技大学出版社，2009.

[3] 任海，刘庆，李凌浩 . 恢复生态学导论 [M]. 2 版 . 北京：科学出版社，2008.

[4] 任海，蔡锡安，黎昌汉，等 . 华南植被恢复工具种图谱 [M]. 武汉 : 华中科技大学出版社，2010.

[5] 张寿洲，郭萌，周明顺，等 . 鸡蛋花园林观赏与应用 [M]. 武汉：华中科技大学出版社，2014.

[6] 刘东明，林才奎 . 高速公路边坡绿化的理论与实践 [M]. 武汉：华中科技大学出版社，2010.